年轻时的喜哈哈

年轻的喜哈哈在演出

喜哈哈与爱人丽霞在一起演出

星光梦想秀演出现场

星光梦想秀获奖现场

喜哈哈在演出现场

喜哈哈婚庆公司的办公现场

喜哈哈在直播现场

喜哈哈与粉丝在开心交流

喜哈哈荣获快手主播奖

喜哈哈与夫人庆祝结婚纪念合影

喜哈哈的小家庭合影

喜家人
情感录

越来越好

喜哈哈◎著

民主与建设出版社
·北京·

图书在版编目（CIP）数据

越来越好 / 喜哈哈著. — 北京：民主与建设出版
社, 2020.11
ISBN 978-7-5139-3223-3

Ⅰ.①越…　Ⅱ.①喜…　Ⅲ.①成功心理－通俗读物
Ⅳ.①B848.4-49

中国版本图书馆 CIP 数据核字（2020）第 182236 号

越来越好

YUE LAI YUE HAO

著　　者	喜哈哈	
责任编辑	王　颂　郝　平	
封面设计	王玉美	
出版发行	民主与建设出版社有限责任公司	
电　　话	（010）59417747　59419778	
社　　址	北京市海淀区西三环中路 10 号望海楼 E 座 7 层	
邮　　编	100142	
印　　刷	北京飞帆印刷有限公司	
版　　次	2021 年 1 月第 1 版	
印　　次	2021 年 1 月第 1 次印刷	
开　　本	710 毫米 × 1000 毫米　1/16	
印　　张	13.5	
字　　数	193 千字	
书　　号	ISBN 978-7-5139-3223-3	
定　　价	48.00 元	

注：如有印、装质量问题，请与出版社联系。

将我的成长经历、情感调解和人生感悟写成一本书，对于我来说可谓是一个巨大的挑战。

我的经历并不特别，我只是众多普通大众里的一员。但我的情感调解和处世态度，对很多人来说是有所帮助的。

在我从事演艺事业以来，见过不少的人和事，也明白不少世间的人情冷暖。在不断扮演各种角色和各种人群打交道的过程中，我发现我人生的这趟列车，与我的初心和梦想是极为契合的：那就是用我的认知和爱去连接这个世界。

移动互联网刚刚兴起的时候，我就非常关注它的发展。我也坚定不移地认为，移动互联网将是未来的一个巨大风口，就看我们以什么面貌出现在这股浪潮中了。

我有不错的演出功底，曾创办过婚庆公司，对主持也深有心得。因此，在短视频平台兴起时，我就看到了它的价值，加上我本身从事过演艺行业，投身于短视频行业对我来说是非常契合的。

在这种情况下，我选择了快手。快手的内容接近真实的群众生活，其有着非常广泛的用户群体，而且给普通人提供了很容易成为主播的渠道。在这种情况下，我义无反顾地变卖了所有资产，进军快手。

做主播，选择内容很关键。我不愿意去传播那些有趣但没有营养的东西，我想要的是要在这个世界播撒爱和善的种子。起初，我做的是公益主播，主要是帮扶一些需要帮助的人。在这个过程中，我发现情感问题是困扰很多人的一大难题。

在我接触的人群中，似乎很多人都有或大或小的情感问题，他们自己也许根本找不到解决的办法。而我的经历，正好可以给他们指引方向。因此，我又将主播内容放到了情感调解这一块，并且真正地深入其中。

现在，我已调解了数千起情感纠纷。我的敬业态度得到了粉丝们的认可。

归结起来，人们的情感问题，大致可以分为恋爱、婚姻、家庭、再婚及子女教育等几个方面，其中又包含了形形色色的问题。但不论什么问题，都是两个人或几个人的相处模式出现裂痕所致。我们要想获得幸福，就必须对我们的相处模式进行调整，或让步，或坚守。

在这些情感问题当中，除了违反伦理道德的问题以外，多数问题有时并没有对错可言，也没有真正的好坏。所有的一切，不过是我们采取什么样的立场而已。你认为的错，在别人眼里未必是错，你认为的对，在别人眼里未必是对。但遗憾的是，很多人认识不到这一点。

因此，我想调解之道，更多的是纠正一些人偏隘的情感意识，传播正能量的情感观念。带着这种想法，我改变了很多人。现在之所以出书，我想的也是帮助那些我在直播生涯中接触不到的那些需要帮助的人。

在情感调解之后，我另写了一些处世想法。其实，情感本身就是处世的一个点，如果有好的情感生活，那我们差不多也会有好的人际关系。当然，人际关系范畴要大得多，因此我又给出了一些个人的建议，希望读者不仅能经营好恋爱、婚姻、家庭，也能处理好自己的人际关系。

所有的一切，在我们的人生里，都是某一个时间点上发生的一个当下。度过了这个点，我们就成长了。在这里，我衷心地祝愿天下有情人终成眷属，每个人都能幸福一生。

喜哈哈（杜瑞才）

目录

第一部分 ——「喜哈哈」成长记

Chapter **1**

第**1**章
初心和梦想

"

　　每个人都有梦想，但实现梦想的前提是我们要有一颗美好的初心。当一个人怀揣初心，为梦想而奋斗时，整个人都是充满正能量的。我生于农村，长于农村，与他人相比，我经历了较多的磨难。但好在我从未改变过我的初心、我的梦想。也是因为有这份初心和梦想，我才能克服一道又一道坎，并且每次还有新的超越。

辛酸的童年 ▷

我的童年，是在一场又一场为家庭奔波的拼搏中结束的。

平常人记忆中的理想童年，应该是校园的欢声笑语，同学们的打闹嬉戏，母亲催促上学的话语，以及放学归来母亲递过来的一碗热汤。然而这看似平常的情景，却在我小学三年级的时候结束了。因为我决定辍学，开始我的学艺生涯。

我生在农村，长在农村。俗话说，穷人的孩子早当家。那时候的我，没有长远的考虑，不知道我会承受什么样的未来。我也不知道辍学对于一个十岁左右的孩子意味着什么，当时我只有一个想法——挣钱。

我的母亲是当地"二人台"演员。二人台俗称"双玩意儿"，起源于山西，是流行于内蒙古自治区中西部及山西、陕西、河北三省北部地区的传统戏曲剧种。这个剧种大多采用一丑一旦二人演唱的形式，因此被称为二人台。

母亲为了挣钱养家，一直坚守她喜爱的二人台事业，兢兢业业，不辞辛劳。母亲的辛勤付出，我仍记忆犹新。幼小的我曾对自己说："我要替母亲扛起这个家。"

然而说到我的父亲，我的回忆又总是忽然顿住，遥远又心酸。

我的父亲好赌。由于他的好赌，母亲每次演出挣回来的钱，都分文不剩地被父亲拿走了。有时候我会想，如果不是父亲这样不合时宜的"爱好"，我是不是会有另外一种人生。但我没理由怪他，因为他是我的父亲。

在童年记忆里，有一种场景我至今记忆深刻，那就是我每次回家，都看到母亲在屋里默默哭泣。这种日积月累的辛酸体验，使我幼小的心灵，早早地种下了"扛起重担"的种子。

由于赌博，父亲输光了家里所有的积蓄。争强好胜的我，虽然不懂得大人们的世界到底应该做什么，到底什么是对，什么是错。但是有一点我明白，那就是我可以像母亲一样挣钱养家。

母亲听闻我辍学的这个决定，情绪异常激动。她说："你不念书，就别当我儿子，别回这个家！"不过，我的意志力很强大，如果决定做一件事，谁都改变不了我的想法，不到达我期望的终点，我是不会停下脚步的。既然做了这个决定，我就要承担所有后果。

当时，家里有十多亩玉米地。父亲说："如果你决定不念书，你要证明你有能力生存下去。"于是，他给我安排了一个任务，把家里的四亩地的玉米独自一个人拉回家。父亲布置完任务我不服输的劲头上来了，从下午一点到晚上八点，历经七个小时，我把所有的玉米全部拉回了家，并且还多拉了两亩地的玉米。第二天，我又把剩下的玉米全部拉回了家。

俗语说"三岁看大，七岁看老"。一个人小时候的品性，一定程度上决定了他未来的韧性。

父亲看到我的倔强，也默认了我的决定。他说："你就算不念书，也饿不死了。"他问我，你想以后干啥。我告诉他，我决定跟母亲学唱二人台。

走上学艺寻梦路 ▷

我的家乡在内蒙古自治区呼和浩特市托克托县。在我的童年记忆里，学习二人台似乎是我唯一的出路。学戏很苦，因为母亲的辛劳我耳濡目染，但是我依然坚定地想走这条路。

有一次，教戏的老师对我说："估计你学不会。"我不认可老师的说法，偏要学。平时学习的时候，同学们都休息了，可我依然在练习，我要用最快的速度，最刻苦的学习，完成我想要做的事。功夫不负有心人。半年后，我在学校的演出中名列前茅。而且，当初不看好我的那位老师，此时，对我非常认可。不仅如此，那位老师还安排我教别的同学。我很感激，这对我来说是一种莫大的鼓励。

但美好的时光总是容易过去，在我十八九岁的时候，父亲因为嗜赌，再次把家里的积蓄输得精光，并且还欠下了外债。只靠微薄的收入，我们是无法还清这些债务的。于是，我和母亲商量，成立自己的剧团。

成立剧团可以说很艰辛，但是母亲和我都不能放弃。因此母亲对我要求更加严格。我记得有一次公开演出时，母亲嫌我演得不到位，在舞台上当着那么多观众的面，狠狠地批评了我。台下的观众，见此情景，也跟着起哄，此起彼伏地冲我喝倒彩，轰我下台。我生性孝顺，从不和母亲顶嘴。即使是那样一度让我无地自容的场面，我都没有反驳。因为我知道，母亲是为了我好。事后我跑回家偷偷地哭了，从此更加刻苦练习。

在我和母亲的努力下，剧团渐渐走上了正轨。我的演艺水平也逐步提高，每次有我演出的地方，总是人山人海，笑声不断。我的老乡们、观众们，造就了我在舞台上的成功。然而，天不遂人愿，就在我们剧团越来越好的时候，上天再次捉弄了我。

2013年的一天，剧团人员组团开车出行，一起严重车祸从天而降。一辆车径直撞向了我们的车。剧团人员受伤惨重，全部住进了医院。全团人员住院三个多月，剧团的资金，全部投入到了治疗中，不仅如此，我还借了很多外债。那段时间，我的脑海里时常会回响起撞车时那嘭的一声响。这响声就像是一记惊雷，把我从美梦中打入冰冷的现实。

因为这次车祸，我一共欠了几十万元的外债。这在当时，是一笔不小的数目。我想，也许我这一辈子都还不完这么多钱。

为了挣更多的钱还债，我决定，不再唱戏了。因为仅依靠演艺这有限的收入，永远都还不完这些债务。我的这个决定，遭到了家人的一致反对。他们认为，我这么多年，在舞台上积累了足够多的经验和人气。如果不唱戏，十分可惜。

父亲那个时候已经戒赌了。听说这件事后，言辞激烈。他说，如果我不唱戏，他就要一把火把舞台烧了。然而，性格倔强的我，最终决定不再唱戏。

我决定只身前往南方，我不相信我的未来会困死在这一方水土上，我相信天无绝人之路。我要靠自己，开辟出一条新的出路。

离家之际，我坐在公交车里，母亲在站台上送别，我们相顾无言，双双哭成了泪人。

在异乡漂泊的日子 ▷

　　在汽车站，我买了终点站离家最远的一趟车的车票。我觉得，要想拼搏，先要把后路堵死。

　　关于"置之死地而后生"这个问题，我相信很多年轻人都有类似的经历。有的人，属于保守型人格，一生勤勤恳恳，一步一个脚印，不偏不倚，一点点小幸福就可以知足，生活无风无浪才好。这种小幸福也是不错的。而另一些人，属于冒险型人格，不会甘于现状，会做一些冒险的决定。前一种人想象着进可攻，退可守，但这种谨慎的做法却也容易让人失去进取心。而后一种人，因为斩断了自己的后路，却往往能够绝处逢生。

　　我想我就属于后一种人格的人。或许是受到童年生活大起大落的影响，也可能是性格使然，我不甘心安于现状，总希望通过努力和改变，获得更大的惊喜。

　　坐在飞驰的车上，家乡熟悉的风景和人逐渐被抛在身后，我在想，我这一次离开，不知何时能再回来。怀着对过去的不舍，对未来的忐忑和憧憬，我奔向了心中未知的未来。

　　终点站到了，下车后，我的头昏沉沉的，四面风起，使我清醒了不少。我伸手摸了摸衣兜，只有十元钱。我用唯一的十元钱买了一碗面，我想，先填饱肚子，即便第二天身无分文，再想别的办法吧。饥饿总能让人做出一些平时不会做甚至想不到的事。饥饿，让我不顾一切去寻找食物。第二天，我找到一家比较大的饭店，想问一问有没有我能做的工作，打扫、打杂、刷碗，什么工作都可以，只要给我一碗吃的，让我活下去，一切都可以重新开始。

服务人员告诉我，现在饭店不招聘。此时，我已一整天没有吃饭，已经筋疲力尽了。我央求服务员先给我一口饭吃，服务员指了指饭店里的一个包间，告诉我，里面客人走了，桌子上还剩下几盘客人没吃完的菜。我想都没想，迅速关上门，狼吞虎咽地把那些剩菜吃掉了。我太饿了，我唯一的想法，就是吃饱，活着。

服务员隔着玻璃门看到我惨不忍睹的吃相，对我一脸鄙夷。随后，我跟饭店的老板说，我可以留下来干活，只要有饭吃就行。虽然我当时处境艰难，但是这个老板认为我不会长期在这干活。他对我说："年轻人你还是去找属于你自己的出路吧。"

那时我突然明白，人在最艰难的时候，脑子里想的可能只是一口饭，而不是金钱、名誉、地位等。几经辗转，奔波了无数个地方，挨过一个又一个饥饿的夜晚。最后，我总算在一家广告公司谋到了一份挂广告牌的职位。

饥饿的人，一旦有了机会，就会不顾一切，把所有的赌注都压在上面。我就是这样。在广告公司的日子里，我晚睡早起，勤勤恳恳。为了省钱，每一天，我只吃六个馒头和三块豆腐乳，但却吃得津津有味。

那些日子虽说辛苦，却也磨炼了我的韧性。

白天我在公司努力工作，晚上我就在出租房看电视里别人的演艺节目，并虚心向他们学习。

人最重要的是知道自己的能力范围，并认真持续地完成。那时的我，知道自己在做什么，也知道自己需要什么——不管如何，唱戏这个吃饭的本钱，绝对不能丢。

从演出到创业 ▷

　　"机会总是留给有准备的人"，这是老话，也是至理名言。人如果安于现状，不去思考未来的风险，不去分析现状的危机，那么当危机或机会来临，最容易慌了手脚，不知如何取舍。所以，人一定要在状态好的时候，随时提升自己的能力，在危机来临时有力抵挡，在机会到达时，迅速抓紧。人只有拥有这样的准备，才会具备随机应变的能力，抓住人生随时随地到来的机遇。

　　记得在广告公司举办的一次大型婚礼宴会中，一个演员因故缺席。在没有替补演员的时候，我毛遂自荐，代替了缺席的演员，表演了一场节目。那场节目，便成了我人生中一个重大的转折点。台下的观众对我的表演反响热烈，不断地拍手叫好。如果我在平时没有坚持学习演艺，我想，这个机会只会从我身边白白溜走。由于这次成功的演出，公司除了安排我做好本职工作之外，逐渐安排我做一些宴会的表演。这一场又一场的表演，成为我前进的一个又一个阶梯。

　　最初的演出费，一场只有200元。而随着我表演次数的增多，我的演出费用慢慢升高到了500元一场。在公司所在的城市，我慢慢闯出了自己的一条路。再后来，每场的演出费由1000元、3000元升到了5000元。

　　在这一过程中，我非常感谢我的公司对我的培养，朋友们对我的信任。有了他们的陪伴与支持，我的表演才艺才能尽情发挥，越演越好，才能让我有了翻身的机会。对于这一切，我永存感激。

通过演出，我有了一定的积蓄，虽然这一过程非常辛苦，却是我迈开脚步的根基。我想用它们，更进一步，做些我想做的事。于是我创办了我的第一家公司——喜哈哈文化传媒有限公司。

直到现在，有些朋友会问我，当初创业是不是很艰难。我说，难！却并没有想象得那么难。

多年的积累和努力，让我做任何事，都有自己的底气。正是这些底气，给我不后退的力量，让我一门心思往前冲。

我在当地租了房子，开始了公司的运营。随着公司的口碑和观众人缘的上升，几年间，我又逐渐增开了十几家分公司。名声打响之后，生意不请自来，很多老客户，只认我们公司。在当地，只要谁家办宴会，就会想到我们公司。而"喜哈哈"这三个字，已是当地响当当的婚庆招牌。

那几年，我的苦难，以及为跨越苦难而做过的努力，使我收获颇丰。所以我觉得，苦难是前进的阶梯。遇见了苦难，不要被它吓倒。只要有一口气在，人生就有无限可能。不要深陷过去，也不要怀疑未来，就像爬高山，只有一步一步持续向前，才能到达山顶。

Chapter **2**

第 **2** 章
我的快手主播之路

"

　　相比于老一辈的人们，我们这代人是幸福的，因为我们能够享受到互联网时代带来的红利。在短视频行业越来越火的当下，我也将其视为实现梦想的绝佳平台。在这里，我不仅可以大展所长，更重要的是，我能够向更多的人传递我心底的那份爱。

把眼光放在快手上 ▷

眼光和格局是人生长远发展的两个重要因素。这是我一直坚信的。

人要有长远的眼光，就是不要局限在此时此刻，局限在周围的小空间，局限在自己仅有的一点资源。而格局，就是对事物的认知，比如同一件事，每个人的认知都是不同的。

我的前半生，都是在风雨和忙碌中度过的。我已经习惯了一次又一次的变化，也愿意让自己陷入这不确定又有闪光点的转折中。于是，一个重大的契机，再一次改变了我的人生轨迹。

因为网络的大发展，让人们能够近距离接触到遥远的事物。世界这么大，通过网络，人们却轻松地拉近了彼此的距离。

在我的传媒公司发展得有声有色的时候，我接触到了网络中的一个流行短视频平台——"快手"短视频。

在一个偶然的机会中，我看到了快手的宣传语：快手，国民短视频社区，记录和分享生活的平台。在这里，看到真实有趣的世界，找到自己感兴趣的人，也可以让世界发现真实有趣的自己。快手，记录世界记录你。

我当时被快手深深吸引，我迫不及待地打开它的网页，瞬间感觉自己进入了一个新的世界。在这个世界里，所有的人都在尽情展示自己。我意识到我捕捉到了一个巨大的机会。

我迷上了这个媒介。不过，我对于一个从未接触过的事物，一丝丝担心总是有的。我深知，成功不是简简单单的想象和曝光。如果想在这个平台生存下来，一定要付出行动。

我虽然在唱戏方面有很深的功底，能表演，有才艺，但是对于网络，我并没有深入接触过。我研究了快手的内容设置，看别人发的视频有什么特点，并不断挖掘自己的能力，寻找与这个平台相匹配的地方。

我内心的想法是，我现在拥有的传媒公司，面向的是一个有限的当地市场，而网络平台，比如快手，它所面向的是全国的观众——我想让我的事业也面向全国。

我决定不计成本、不惜代价，把拥有的全部资金，毫无保留地投入短视频中，并且准备背水一战。

做这个决定，我遇到了很多的阻力。最大的阻力，还是来自我的家人的担心。母亲见我走火入魔一般准备变卖家产，投资一个如空中楼阁的网络平台，担心得几夜睡不好觉，还要把我赶出家门，不再认我这个儿子。妻子认为，我好好的公司生意不做，要做从来没有做过的，还不知道能不能成功的事，也是坚决反对，并准备与我离婚。家人是我最大的动力，而也正是家人，在我打算进行一个巨大的改变时让我犹豫不决。

我很理解他们的想法，但是我也非常相信我的选择。

最终，我还是坚持了自己投身快手的决定，因为我想给家人们更好的未来。

为了成功斩断一切退路 ▷

我只要下定决心，就一定会坚持到底，不管有多难。

俗语说："置之死地而后生。"绝境代表的不是死亡，而是力量，是生的希望。不管我们陷入怎样的绝境，我们都要相信，只要你努力，你战斗，你就可以创造奇迹。

在我终于说服了父母和妻子之后，我开始搜集关于快手的一切信息。

众所周知，想要在快手上有所发展，是需要一定资金作为后盾的，这样可以提高曝光率，收获更多粉丝。

于是，我卖掉了十几家传媒公司，又借了很多资金。我把这些资金，全部投在了快手上。

直到今天，回想当初自己的冲动，我没有丝毫后悔。如果我不背水一战，不向前跨越一步，或许我现如今还做着一如既往的工作，毫无新的进展。

当年，韩信背水一战获胜以后，有人曾问韩信："按照兵法，你应该背山面水来布阵，可是你反其道而行之，却取得了胜利，这是为什么？"韩信掷地有声地回答说："置之死地而后生，这也是兵法中的一个重要原则。我这次带领的士兵，多数没有经过严格的训练，我将他们逼入绝境，没有后路，他们就会拼死争杀，如果把他们放在有退路的地方，我就绝对无法取胜。"我像韩信一样，排除一切阻碍，一门心思研究快手。每天坚持按时播出视频，按时拍摄段子，如此日复一日，年复一年。

在快手这条路上，我一直在付出着，努力着。

我知道，如果要在一个新的领域有所发展，不如主动断绝自己的后路，把全部注意力都放在正在做的事情当中，并且怀着一种无论遇到什么阻碍都不后退的决心。而人一旦拥有了"破釜沉舟""孤注一掷""置之死地而后生"这样的拼搏精神，就算是到了进退两难的生死关头，也一定能争取到新的生存机会的。

在快手上为了推广和提高曝光度，为了让大家认识我，记住我。我拼尽了全力、斩断了一切退路。

在攻击与诘难中不断成长 ▷

　　我在快手的第一次直播，约有80个人在线观看，但是那次直播并不顺利。其中有好几个人一直在难为我，甚至辱骂我。

　　对于一个新事物，我毫无经验，唯一能做的就是耐下性子，不急躁，不焦虑，做好自己力所能及的事。我没有时间想其他的事情，脑海里只有一个想法——做什么样的视频？

　　接下来的时间，我每天拍摄段子，每天输出。就这样，我坚持慢慢积累经验，不断积攒人气。我沉住气，研究相关热门视频文案，并策划自己的段子，不断改进和创新。那段时间，非常艰难，我经常想段子想到失眠。

　　直到今天，我的快手账号虽然已经成为有几百万粉丝的大号，但这一路以来的付出与艰辛，只有我自己清楚。当然，在漫长的创业的时间里，我在收获喜悦的同时，也受到过很多白眼。不得不说，人有善的一面，就会有恶的一面。

　　在我运营快手稍有起色时，有一部分主播看我做得风生水起，内心的恶意被激发。他们开始公开责难我，甚至集合成小团体在全网对我进行攻击，导致我的账号一开播就被封号。不得不说，这是一段磨炼心智的时光。我心里清楚，这个世界就是这样，有人支持，就会有人反对。有人欢喜，就会有人忧愁。有人欣赏你，就会有人非议你。这种分歧，在网络上尤其如此。

　　网络就像一面镜子，能照出人千面，物万象。在网络中，你可能无法改变别人，但可以改变自己。将自己的"七十二般变化"都发掘出来，完善自己，让自己变得优秀，就是最重要、最需要做的事。

抛开对我怀有敌意的一小部分人，我拥有的更多的是关心我、支持我、爱护我的朋友。他们会及时收看我的视频，准时加入我的直播，给我持续不断的鼓励与支持。他们才是我最需要为之努力的同伴。他们陪伴我走过黑暗，走过沼泽，陪我一路走到现在，这是最让我深深感动的。

在我这一路"打怪升级"的过程中，我始终相信，只要我保持一颗美好的初心，保持善良的本质，保持对人的尊重，我就无愧于自己的本心。

于是所有的夸赞与诘难，都加快了我成长的脚步，并不断鞭策着我。

从公益主播到情感主播 ▷

在快手的坚持，让我的粉丝越来越多，收入也跟着翻番。对于这些收入，我有一个想法——"取之于民，用之于民"。

我坚信，人活着不光是为了挣到多少钱，而是为了做更多有意义的事。

每年，我都会从这些资金里，拿出40%~50%，资助给家乡的孤寡老人。同时，我还资助了五六个贫困大学生。我希望这些大学生事业有成之日，会跟我一样，将爱心继续传递给他人。

我之前有一个梦想，就是要建敬老院。让贫苦的老人们老有所依，这是我一直以来的愿望。

现在，第一个梦想成真了——我在投入不少资金和精力后，终于建成了第一个敬老院。当我每次踏进敬老院时，看到老人们开心的笑容，我就觉得，我做的这一切都很值得。我会定时去敬老院探望老人，给每位老人发放生活费，也会带一些生活用品，我会与老人闲谈，听他们聊往事，也跟他们分享我的苦与乐。

与那些老人在一起的感觉，就像家人般亲密，让我一路以来的苦日子里洒满了甘甜。

另外，我在创办传媒公司的时候。每年十月十日，都是我设定的"开仓放粮"的日子。每年这一天，我都会很认真地做这件对我来说非常有意义的事——拉十几车米面和粮油，分发给那些需要资助的人。

帮别人就是帮自己。舍得、舍得，越舍越得。在我付出爱心的时候，我也收获了爱心。苦难不是终点，爱才是归宿。

做公益主播的这段时间内，我接触了一些情感话题。随着人们工作的繁忙，人际关系变得复杂，生活压力增大，每个人对情感的需求有所改变。人们往往要求得更多，对他人更加苛刻，以此来填补自己内心的紧张与焦虑。

情感这个话题敏感而私密。我又慢慢聚焦到了这个方向——情感主播。

情感话题，更能激起人们的共鸣。它关乎每个人，每个家庭，更能戳中人们的内心最柔软的东西。我一边寻找话题一边研究如何可以真切地帮助他人，让别人在我的帮助下，化解矛盾，家庭和睦。很高兴，经过一段时间的努力后，我真的帮助了不少人。这个结果，也是我最愿意看到的。

人生来不易，我希望通过我所有的坚持和努力，给喜欢我的人们带来希望，用我的一路狂奔的正能量，将那些苦与痛击碎。我想，我会坚定地做下去，因为爱的力量和感恩的心是世界上最有力的源泉，让我更想把这份爱传递给更多的人，让更多的人远离苦难。

我也非常感谢帮我达成这一切的亲人和朋友们，是他们一路以来的支持和鼓励，成就了我现如今的一切。

徒步挑战，超越自己 ▷

　　2020年初夏，我的主播好友木森在一次活动中确定了要徒步远行的想法，即从西安徒步到成都。那次徒步活动我也全程参与了。由于我当时身体欠佳，家人和粉丝们起初都强烈反对我和木森一起远程徒步，但我认为无论有多少困难，自己承诺过的事，就一定要做到。另外，我觉得长途的徒步也是对一个人意志和精神的考验，是非一般人所能做到的事，我也想借此机会挑战一下自己。

　　后来，另外一位好友主播刘妍也主动加入了我们，于是有了一个三人徒步小组。我们结识于主播领域，又因为共同的爱好成为了知己。

　　当我们正式确定要徒步远行之后，我们三位主播的粉丝也都从最初的不赞同到愿意给予全力支持，他们提供了各种各样的徒步方案，还有很多粉丝表示要给我们做当地的向导。我们出发那天没有通知粉丝们，可是临走前却来了一大批粉丝给我们送行。

　　从西安徒步到成都，全程700多千米，需要完全步行，还需要推一个装行李的手推车。启程伊始，我们击掌为誓，约定无论遇到什么情况，都一定要完成这次旅行，不辜负粉丝们的期望！

　　启程后，我们才知道，路程的艰难远超过我们的想象。在徒步过程中不仅要忍受饥饿，炎热的炙烤，大雨的淋漓，以及高山险阻，还有各种无法预料的突发情况。

徒步中最严重的一次意外，是我中暑倒在路上，全身酸软无力，几乎行进不得。多亏了木森和刘妍，帮我买药，为我打水，毫无怨言地照顾我。因此他们劝我放弃徒步，到医院治疗，可是我坚决不同意。在他们的精心照料之下，我的身体状况很快就好转了，可以继续我的徒步之旅了。

还有一次意外是，在我推行李车的过程中，因为避让一辆汽车，我连车带人翻进了路旁的深沟里，这更加重了我身上的伤。木森和刘妍都不忍心我受苦，反复劝我别再参与了。可我一想到当初的承诺，我就不能打退堂鼓，因此我一定要走到目的地。最后，我们耽搁了几天，找到一个地方直到我休养得差不多了才继续前行。

在我们三人中，刘妍是唯一的女性，但我们没有听到她有过一次叫苦叫累，无论多难她都咬牙前行。木森作为典型的陕西汉子，身上一直透着一股爽直劲，为人极为仗义，几次遇到当地的地痞偷放我们行李车的气，都是他出面喝止。三人中，我力气较大，很多难走的路段基本由我来推行李车，他们在前面拉。有时下雨，我们就披上雨衣继续赶路，只有实在因天气原因走不了时才会住店稍微歇息。

虽然我们心底也许有过几千次地想要放弃，但在行动上，我们没有任何畏却，我们都是许下承诺了就一定要兑现的人。

这次长途徒步，我们也非常感谢粉丝们对我们三个人的帮助，既有远在全国各地粉丝的热情鼓励，也有在行程中得到粉丝们的巨大帮助。

令我们特别难忘的是当我们身处荒郊野外，饥肠辘辘且无处可住时，是粉丝给我们带来了温暖。记得那天我们走山路走到傍晚时分，来到了一个前不着村后不着店的地方，我们心想这下麻烦了，今晚不仅吃不上热饭菜了，还得在荒无人烟的地方露宿。可就在我们心里一阵难受时，突然听到有人喊："喜哈哈老师，是您吗？"这种地方居然有人叫我，我是既感动又惊讶，还以为自己耳朵听错了。原来是我们喜家人的老粉丝，他听说今天我们要徒步经过他们家乡，就一直在等我们。在他的帮助下，我们摸黑走到了这位粉丝家所在的村子。他拿出珍藏多年的好酒，并做了一大桌可口的菜肴，热情招待了我们。第二天临走时，为了表示感谢之意，我们给他留下了些食宿费，没想到这位粉丝坚决不收，还嘱咐只要在这附近有困难都可以回来找他。

在这次徒步中，类似这样的感人故事还有很多，一路走来，粉丝给予了我们很多无私的帮助，令我们终生难忘。这一切更加坚定了我们徒步远行的决心，因为我们不能让我们的粉丝们失望！

旅途中，我们也一直没忘记践行我们的公益事业。记得有一次，我们遇上一个食不果腹的老汉，他家中的房屋特别破旧，我们就决定资助几千元给这位老人。还有一次，看到一个小女孩下着雨还在卖水果，我们即使不需要水果，也全部将水果买下来了。公益慈善事业是我们的第二事业，遇到困难的人，能帮多少，我们就帮多少，无论未来困难有多大，也丝毫改变不了我们的初心。

经过40多天的跋涉，我们终于抵达了目的地。到达的那一刻，我们三人已是衣衫褴褛，但心头的喜悦却是掩饰不住的。一路的辛酸和艰难苦楚以及自我极限的超越，都化作了幸福的泪水一涌而出。

这次徒步旅程，使我们三人之间的友谊更加深厚。同时，我在木森身上学到了西北汉子讲义气、重情义的品格，在刘妍身上我又学到了耐心，深刻地理解了坚持的意义。

更重要的是，我更加深刻地理解了人生的意义在于贡献和付出。而不断挑战极限则带给我莫大的动力，也会发掘自己无限的潜能。一个人的潜力是无穷的，当你觉得自己可以的时候，就一定可以。当一个人能够超越自我极限的时候，等待他的，就会是另一片广阔的蓝天。

◎鹰击长空，方悟世界之广阔

◎每个人都有自己的故乡，无论走到天涯海角，草原始终在我心间

◎只求善的付出，莫问善的前程

第**3**章
喜家人，
我们一直在路上

"

叔本华说："单个的人是软弱无力的，就像漂流的鲁滨逊一样，只有同别人在一起，他才能完成许多事业。"自媒体盛行的时代，没有任何主播能脱离粉丝而独立存在。我的粉丝，我称之为"喜家人"。在我作为快手主播前行的路上，喜家人给了我太多的支持与鼓舞，这是满满的感动，也是满满的力量。

点滴之间，满满都是喜家人的感动 ▷

从做主播到现在，时间虽然不长，但是喜家人（喜哈哈的粉丝群体）却给了我太多感动，没有他们的支持，我想我是绝不可能有现在的状态的。

万事开头难，我刚开始运营快手时，也干得非常狼狈，没有人气也没有人刷礼物。那段时间，我一度处于自我怀疑中，更不幸的是，我奶奶也在那个时候去世了。受此影响，我的心情瞬间跌入低谷。恰在这时，有一个包头来的粉丝，也是一个普通百姓。他告诉我，他想把他的羊和地卖了，给我资助，让我去发展我的快手事业。当时我对他的这一举动很感动，但是我拒绝了他的请求，因为我知道他生活不易。他的钱，我一分不能要，但他的善意，我会铭记于心。

我时常想，人生这一段旅途，充满了未知，有惊喜也有艰难，尤其是困难是对一个人最大的考验。那些素未谋面却愿意在我们困难时伸出援手的人，是支持我们前行的最大力量。所以我下定决心，以后的日子里，在别人遇到困难时，我也应该努力伸出援手，尽可能地去帮助需要帮助的人。

喜家人之间还发生过一件趣事。一个小车司机开着车撞了另一个小车司机的车，两个司机当时都特别生气。正准备打架的时候，一个司机手机里传来我说话的声音，他说："我只顾着听喜哈哈说话了，一时间踩了急刹车，然后你就撞上来了。"

另一个司机听到他说喜哈哈，竟摇摇头回答道："算了算了，我也是喜哈哈的粉丝,咱们也算是一家人。"一时间,本是一场意外事件,却因为都是喜家人,而被化解了。两个司机随后还去小饭馆里面喝了点小酒,并畅聊了各自的生活。

当我得知这个趣事的时候,特别感动,过程虽然有些搞笑,但我也真实地感受到了喜家人的感情,因为我的存在凝聚在了一起。大家虽然没有谋面,但是永远不离不弃,这是无形中的一股正能量。也正是因为这些正能量,一直推动着我不断前行。

正是这些生活中点滴之间的感动,能汇成巨大的能量。平凡而又伟大的喜家人视我如亲人,在困境时给我点亮希望的灯,在疲累时给我会心的微笑。他们做的一切在别人看来算不得什么,但对我来说,却不啻为一股股的清泉永远滋润着我的心田。

放眼这个世界,又有哪一份感动不是来自点滴之间的。选择做主播,或许我不会有惊人的成功壮举,也不会有耀眼的光环荣誉,我能做的就是对喜家人负责,持续为喜家人输出他们感兴趣的内容,为他们的生活排忧解惑。

那些在黑暗中默默支持我,激励我的人,我永远不能忘却。

一个人要活出自己的本色,颇为不易。生活有欢笑也有沮丧,能收获帮助的人是幸福的。我爱我的喜家人,愿我们感动常在,永远不离不弃。

感恩喜家人，困境中照亮我前行的路 ▷

鲁迅先生在《朝花夕拾》里曾有这样一段话："人生有时难免会陷入困境，但人的高贵在于，困境中依然保持操守，决不能放纵自我，任错误的欲望泛滥。"

是的，在我们这一生中，没有人不会遇到困境。面对困境，有的人徘徊不前，有的人却披荆斩棘。后者是勇敢的，他们战胜了逆境，人生也就开启了一个新的篇章。

在主播之路上，我也遇到过很多困难，但我没有被困难吓倒。其中，固然有我不畏艰险的心智因素，但喜家人默默的支持也是非常重要的一方面。喜家人不断给予了我力量与温暖，才让我成为更好的自己。

有一件事，令我终生难忘。在我生病的时候，喜家人竟然到处打听我在哪家医院住院。但是我不想告诉喜家人，不能让他们担心。而当我第二天起来的时候，却看见医院走廊上站着的全是喜家人。那一瞬间，我热泪盈眶。

当时的我完全没有想到，喜家人能够找到我，并且还来了那么多人。喜家人对我的关怀，让我备受鼓舞。我告诉自己要好起来，我要比从前更坚强、更勇敢、更强大，这样才能更好地去帮助喜家人，让我们都成为更好的自己。

还有一件事令我记忆深刻。我有一位名叫叶雪梅的粉丝，已经50多岁了。她观看我的视频很长时间。有一天她突然给我留言，说她要来呼和浩特，想专程看望我。因为事情太多，我没有第一时间发现她的留言，结果她打着车找了我们一天，直到晚上才找到我们。见面以后，我问她："你找我们干什么？"她说她想捐款500元，用于帮助他人，我们当时是拒绝她的请求的。

随后的交谈中，我们才逐渐了解到她的情况。她老公在外面打工，儿子还在上大学，她则是一个普通家庭主妇。于是，我们问她："现在你家的生活也不富裕，为什么还愿意拿出这500元来帮助别人。"她的回答是，她现在虽然不富裕，但是她愿意拿出钱来帮助别人，是因为她也曾受到过别人的帮助，再加上她经常看我们直播，受到了很大的鼓励，希望把这份爱心传递下去，把这笔钱捐给那些需要帮助的人。听完她的回答，我们觉得不能再拒绝她的捐赠了，我们有必要将她的这份爱传递下去。

后来，当叶雪梅在捐赠协议上签字的时候，我们才发现她竟然不会写自己的名字。

一个连书都没念过的人，竟能做出这般高尚的"壮举"，这是一个内心多温暖有爱的人啊！她的内心又是多么柔软。她让我们知道，善良与文化程度无关，与教养品性有关。

她知道感恩，懂得感恩的人，总是比普通人更容易感受到幸福和满足，当然也更愿意为别人而付出。

人的一生，是多姿多彩的，有成功就会有失败，有快乐就会有悲伤，有美丽就会有丑陋，就像花儿有了秋天的凋零，冬季的枯败，才会有来年春天的新绿与夏季盛开的娇艳。

困境常在，感动却不常在。没想到，我竟然是一个经常收获感动的人。喜家人对我付出了爱，自然我也是一个懂得感恩的人。

演说家安东尼·罗宾说："成功的开始就是先存一颗感激之心。"心理学家也认为，人际之间是存在"互酬互动效应"的，也就是你如何对待别人，别人也会用同样的方式来给予你回报。你看，简单的一声"谢谢"，看起来稀松平常，但它却能引起人际关系的良性互动，成为人际交往的润滑剂。这就是感恩的力量。感恩喜家人。在我迷失方向时，给了我光明与鼓励，是他们，让我重新拥有生活的勇气，也是他们，让我感受到来自家人般的温暖与爱。

困境在所难免，但只要你不放弃生活，懂得感恩，一定会得到更多人的帮助，让你冲破黑暗。因为人与人之间，多一份感恩，就会多一些爱心，多一些温暖。在这种相互感激之中，人际关系也会变得更加亲密，在你困难时他们也会愿意拉你一把。

千万不要忘了帮助过你的人，当他们了解你、支持你、帮助你的时候，一定要表达出你的谢意，并用感恩的心回报他们。这样才能更多地得到他们的信任和支持，这对你的工作和生活，也是大有益处的。

虽然未曾谋面，我们却永远不离不弃 ▷

相信很多人平时都会用网易云音乐来听歌或者关注自己喜欢的音乐人。当然，我也不例外。在网易云音乐上，我曾听到过一个故事，令我至今记忆犹新。这个故事并不长，但足够温暖我的心：

> 一位ID为城南花已开的骨癌晚期少年，生前最喜欢的音乐人是三亩地。于是，这位少年就给三亩地发私信，想让三亩地以他的ID城南花已开为音乐名写一首曲子。三亩地看见后，完成了这位少年的心愿。少年城南花已开与三亩地音乐人素未谋面，可他们之间建立起来的深厚情谊，却鼓舞了无数人的心。
>
> 而在这个过程中，城南花已开面对癌症的坚强和永不放弃的精神，也感动了无数云村人的心。
>
> 我清晰地记得，在音乐人三亩地发布这首曲子的时候，他在评论置顶页上留言：前段时间一位喜欢我音乐的朋友私信我，说他已是骨癌晚期，还有半年的时间，希望我用他云音乐的ID写首曲子，他说他很喜欢他的ID。怕我不相信，他还给我发了很多住院时的照片。我看到消息的时候，第一时间就去创作，很快就完成了。现在，我要把这首曲子送给城南花已开，希望他能听到，一切都好！城南花已开，愿君永常在！

在网易云音乐这首歌的评论里，虽然大家素未谋面，但我却看到了人性中善良的力量是多么的强大。

其实我做主播又何尝不是如此。我的粉丝分布在全国各地，我们都是未曾谋面，但他们对我的支持却深深地刻在我的心里了。

犹记我刚开始做主播时就遇到了许多挫折，父亲又患了淋巴癌，我一时不知所措，无暇登录快手。但有一天，我登录快手时，却发现我的段子底下有几千条评论，每条评论都情真意切。

看到大家的评论使我感动不已，我和大家素未谋面，我们仅是通过屏幕和大家建立起来的一种无形的感情，但他们却都在默默鼓励我、支持我。

一个人要记住为你摭挡风雨的人；为你排忧解难的人；生病时陪伴你的人。是这些人组成了我们生命中一点一滴的温暖，让我们远离阴霾，也是因为这些温暖，让我们成为更善良的人。

他们不是天使，只是普通的凡人，却值得我们感恩与铭记在心。

未来已来，与喜家人一路同行 ▷

前几年，我赶上了短视频大发展的时代，选择快手做了情感主播。2019年以后，我有幸又赶上了直播带货的机遇，不仅做情感直播，也做电商。在这里，我们可以预见，未来很长一段时间，一定会是视频电商大行其道的时代。

相关数据表明，2020年短视频行业的总日活跃用户数将达到10亿。2020年年中，电商主播又被正式纳入人社局新增职位，电商主播得以正名。随着互联网的快速发展和2020年突然暴发的新冠肺炎疫情，让视频电商成为互联网最大的风口。毫无疑问，短视频电商已步入了一个黄金时代。

目前，我正在加大直播带货的投入。我们售出的产品必须物美价廉，我带的货质量必须要好，这是硬性指标。对于喜家人，我在直播间的售出价格绝对比其他地方的价格要优惠。相同的日用品，除了质量有保证以外，还要有价格优势，为此很多时候还要由我们团队自掏腰包。

我这样做，除了给喜家人解决情感问题以外，还希望给喜家人带来其他的福利，我将竭尽全力帮扶有困难、有需要的喜家人共同成长。

在这个大众创业，万众创新的时代，我也希望喜家人都能改变过去传统的思维模式，积极拥抱互联网带来的新变化。如果喜家人有需要，我愿意毫无保留地提供我做电商的思路和方法。

过去已去，未来已来。过去也许是我们的生活包袱，而未来，我们如果做对了，会充满希望和可能。

放下过去，并不是让我们假装失忆，也不是要我把大脑中关于过去的一切都扔掉。如果真这样做了，我也就同时失去了依赖于过去的经历和感受，从而只会使得自己如同拉磨的毛驴一般，不断地在原地打转，周而复始地犯着同样的错误。这正如伊格尔顿所说的："知道自己过得如何，这是决定自己是去努力改变生活还是维持原状的必要条件。了解境况是幸福的助手，而非敌人。"

放下过去，我们真正要做的是，改变我们的心态，和时代一起翩然前行。

是的，未来已来，这是一个喜家人都可以更好成长的时代。我和喜家人是一个团体，我愿意凝聚广大粉丝的正能量，继续多做好事、善事，帮助更多需要帮助的人，也会扶持更多想创业的人一同前进。

第**4**章
用爱心搭建善的世界

"

　　一个人和一群人，一群人和一个世界必定是有某种联结的。我可以很自豪地说，联结我和喜家人的，无非爱、善二字。我们都是充满爱心的人，我们也都是善良的人，我们付出爱，收获爱，我们在尽心竭力地帮助彼此。

受惠于人，我铭记不忘 ▷

从小到大，我接受过很多人的帮助，但不论大小，也不论是谁，我都一一记在心上。例如在我落魄潦倒时，给我一碗饭吃的饭店老板；在我身无分文时，给我一份工作的公司，当然，还有默默给过我支持的喜家人。

还有一些充满爱心的事情，同样令我记忆犹新。例如我去户外做直播时，碰到当地的一些老爷爷和老奶奶，他们听说我们是帮助老百姓调解纠纷的，就纷纷把自己家的土特产，例如李子、桃子等偷偷放到我们车里。像这样的事情简直不胜枚举，我的人生就是在施惠与受惠中度过的。

别人对我的好，我不敢有一丝遗忘。我总想着，我要用更多的东西回报他们。"鸦有反哺之义，羊有跪乳之恩"，我们每一个人都应该饮水思源，受惠于人，常记心中。

但有很多人可能不这样想，有人扶了他一把，他可能很快就会忘记，有人踩了他一脚，他却永记心中，思忖找时间还别人一脚。实际上，别人对我们的态度，恰恰也是我们对别人态度的折射。别人就好似一面镜子，你对他凝眉瞪眼，他传回给你的也必然是瞪眼凝眉，你看别人是眼中钉肉中刺，别人看你又何尝不是呢。忘掉别人的恶，记住别人的好，才是我们做人应有的信条。

记住别人对你的好，你也会拥有更多的朋友。例如在一个家庭中，记住各个家庭成员的好，这个家庭一定是其乐融融的。在社会上，我们记住别人的好，并在有必要时付诸行动，我们的周遭也必然是温馨和睦的，同时我们还能影响更多的人，建立一个有温度的世界。

记住别人对你的好，做到见贤思齐，一个能虚心学习别人优点的人，他身上的亮点也会越来越多，人际吸引力会变得越来越强，无形中就会拥有比别人更多的精神财富。

施人之恩不可念，受人之恩不可忘。记住别人对你的好，别人才会对你越来越好，才会在你困难的时候，施以援手，给予帮助。

要想别人对你好，首先你要对别人好 ▷

　　大家可能都有这样一个认识：你微笑对待每一个人，虽然不会每个人都以微笑回报你，但起码有80%以上的人尊重你，有60%以上的人会表现出对你的友好，有30%的人愿意和你成为朋友。

　　用期望别人对待你的方式去对待别人，而非期待别人用你期望的方式对待你。这样你会发现，生活并没有想象得那么难，快乐其实就在我们身边。

　　我曾收到过一位粉丝的私信，他是这样描述的：我是一个不会表达爱的人，有时候总觉得自己就是一个冷漠自私的人，骨子里很冷血。我认识很多人，但却没有一个真正的朋友。在周围人的眼里，我好像空气一般。虽然我有时也很想和他们一起聊天、聚会，可我却不知道怎么做，要怎样才能取得他们的信任或是获得他们朋友一般的邀约。我好像真的没办法去表达自己。我爱我的朋友们，但是我不知道怎么传达爱。喜哈哈，我关注你很久了，很喜欢你的勇敢真实，请你告诉我，我这样该如何是好呢？

　　我是这样回复这位粉丝的：你目前的困惑是想要周围的人对你好一点，但你却不知道如何去做。其实，方法很简单，你可以试着对别人好一点，抛弃羞涩。在和别人见面时会心一笑，或是点头致意，适当的时候，例如午餐时间，你可以主动邀约，我想没有多少人会直接拒绝你的邀约。你一定要学会去对朋友好，爱是相互的，要努力表达你的友好。拿出你的勇气和爱心，你的朋友一定会多起来的。

茫茫人海中，人与人之间相遇就是缘分，能够成为朋友，就是运气。想要别人怎么对你，你就得先怎么去对待别人，并且一定要让对方感受到你对他的好。

> 　　古代大街上有两个商贩，一个卖茶水，一个卖烧饼。两人卖到晌午，因天气闷热，卖烧饼的渴得不行，卖茶水的也已饥肠辘辘。这时，卖茶水的就对卖烧饼的说："兄弟，天这么热，你一定渴了吧，来喝碗我的茶水吧。"卖烧饼的听了立马说："我确实渴得不行。"接过茶水一饮而尽，然后对卖茶水的说："大哥，你肯定也饿了，来吃个我的烧饼吧。"卖茶水的说："好的，谢谢。"

　　以上这个故事告诉我们，想要别人对你好，我们首先要学会换位思考，站在别人的立场上替别人着想，这样才能换来别人对你的好。

　　可能有人会说，有时候我对别人好的同时却没有换来别人对我的好。我不否认世上的确有这样的人。但是，要知道，他要是接受了你的好又没有友好地对你，你内心是坦然的，他内心会有愧疚感。

　　发自内心地去对别人好，不是要求什么回报。只是希望对方明白，他值得我去对他好，他并不孤单无助。

　　我一直都相信，真心可以换来真心，这不用语言上去刻意描述，因为，你行动上所做的一切，自然会让对方感受到你的真情。

帮助别人就是帮助自己 ▷

在我还没有正式成为快手主播的时候，有一次我心血来潮，在网上看了关于某地的美景后心生向往，于是就买了第二天下午的机票，飞向那个地方了。

一路上，我都很开心，对旅途充满了期待，因为是说走就走的旅行，我也没有做详细的旅游攻略。到达目的地后，我打开手机搜索了一下当地比较火的民宿，然后准备打车过去。天气有些炎热，正当我准备上车的时候，看到车旁有一个衣着整洁、白发苍苍的老人独自在等车。我忍不住走过去询问，老人听力好像有点问题，我要凑近他耳朵旁，说话音量要比平时大两倍，他才听得到。

我问他要去哪里，怎么一个人在这里。老人先是给我比画了一番，我有些摸不着头脑，他见我不懂，然后声音很嘶哑地说他要去什么地方，我反复问了三次，确定了他要去的地方离我要去的民宿相隔较近，于是，我扶着老人一起上了车。等到了民宿，前台告诉我已经满员，我愣在原地，一时间不知怎么办，对这里也不熟悉。一旁的老人好像知道我的需求，主动过来跟我讲可以带我去另外一家，我听完老人的话，没有多想便提着行李跟在他后面。

原来老人带我来的是另一个民宿，而这位老人，正是民宿老板的爸爸。老人刚从他女儿家回来，民宿老板原计划要去接他的，但当时工作太忙，没来得及去接老人，于是给老人打电话希望他能自己坐车回来。然后，老人在回来的路上正好被我碰上了。民宿老板跟我交流了一下情况后，很是热情地帮我办理了入住，为了感谢我把他爸爸送回来，还给我免除了两天的住宿费用。

这本是举手之劳，没想到成了意外惊喜。我很感谢这位老人以及他的儿子，让我这段旅行，有了一段很美好的回忆。从这件事上，我认为，我们永远不要吝啬对别人的帮助，因为在帮助别人的同时也在帮助自己，我们将从中不断地收获意外和快乐。这正如爱默生所说："人生最美丽的补偿之一，就是人们真诚地帮助别人后，同时也帮助了自己。"

我们的生活，其实就像一面镜子，你对它笑，它就会对你笑；你对它哭，它就会对你哭。帮助了别人，自己的路才会越来越宽广，哪怕只是一个微不足道的举手之劳，不但解决了别人的烦恼或者困境，同时自己也收获了一份人情，帮助别人实际上等于成就自己。

古往今来，人与人之间的交往实质是一种平等互惠的关系。正所谓"投之以桃，报之以李"，你只有大方又热情地帮助他人，他人才会给你帮助。所以，你想得到别人的帮助，首先你自己得帮助别人。

我现在资助了五六名贫困大学生。虽然我资助他们，不是为了回报，但是我知道他们一直关注着我，将来他们也会把这份爱心传递下去。

也许有时候，你会觉得帮助别人需要耗费你的精力和体力，同时还会耽误你的时间。其实不然，你的付出和帮助，不仅能助他人一臂之力，而且还能给对方带来力量和信心，使他们能有更多的勇气去克服困难。当你看到他们战胜困难的时候，你一定会得到精神上的满足，整个人都会感到快乐。当然，我们也得拿捏好分寸，要懂得照顾他人的情绪和心情，让他人感觉到自己并不是处于弱势地位，这样一来，他人才会愉快地接受你的帮助。

所以，我们要做一个善良有爱的人，真诚地帮助他人，也就是在帮助我们自己。

被人需要胜过被人感激 ▷

如果你们问我，被人需要是一种什么感觉，我会毫不犹豫地回答：那是一种强烈的幸福感。被需要的程度，就是幸福的量尺。

相对于被需要，被人感激，却总是那某一瞬间的幸福。所以，被人需要总是比被人感激能够让人觉得生活精彩，人间有真情。

我有一个朋友，他得了抑郁症，检查出来的时候，他谁都没告诉，打算一个人承受所有痛苦，直到他撑不下去，才拨通了我的电话。

我迅速赶往他家，到他家的时候，已经是凌晨四点多，我看着他一个人瘫倒在阳台上，手上还有点燃的烟，眼睛布满了血丝，看到他的那一刻，我很是心疼，我一时如鲠在喉。我蹲下身，什么都没说，给了他一个拥抱，他放声大哭。我知道，那一刻，所有的话语只会显得苍白无力，而一个拥抱才是力量。

我也是在那一晚明白，原来被人需要，就是在别人觉得生活没有意义，没有人爱的时候，我成了照亮他黑暗生活的那一束光亮，他需要我的帮助，这比他说感谢我，更让我明白生命的意义。

如果你们身边也有人不幸患有抑郁症，请千万不要忽视抑郁症患者，也不要觉得抑郁症就是矫情。抑郁症真真切切是一种病。抑郁症患者中的大多数人都是在努力治疗，认真生活的，请不要戴着有色眼镜去对待他们，请多给他们一些关心与温暖。

人生是美好的，我们要迎着阳光努力成长。

我们都一样，请让自己有被需要的状态吧，因为被需要是一种幸福。孤岛可能永远不会被发现，但整片的陆地却有着坚不可摧的力量。一旦你成为其中的一部分，便与其一切相连，因为彼此被需要而紧密地存在，是一种美好的状态。

请别再推开那些主动又真诚想走进你生活或生命的人，因为你可能正是被他们需要的那个人。

其实，人生在世，每个人都有自己的烦恼苦衷，每个人也各有各的需要。

你能理解别人，也能被别人需要，这便是稳稳的幸福。

感恩的瞬间，令人终生难忘 ▷

世界上最忧心的莫过于难以表达出口的爱。

还记得当时我看到了快手的发展，想不顾一切地投入其中，把所有资产变成现金，同时还借了很多钱，全压在了做快手上。当我开始起步，在快手上稍有起色的时候，被很多人打击，一开播就被封号，网络太复杂，有人骂我，有人恨我。

也正是因为如此，我妈妈要跟我断绝关系，她不能理解我所做的一切。我把房子卖了，回到妈妈家，我妈妈坚决不准我进门，要把我往外赶，坚决反对我做直播。

那个时候的我，感觉被全世界遗弃，不被理解，但我仍然不放弃，我也不为自己辩解，我按时直播，按时拍段子，咬牙坚持。功夫不负有心人，熬过来的时候，我妈妈脸上也不再是失望的表情而是满脸笑容了。

前不久的母亲节，我送了一束花给我妈妈，她很是欣慰，脸上的笑容很美。然后我跟妈妈聊天，突然聊到这个事，妈妈说出了她当时内心的真实想法，原来那个时候，她对我的状况满是担忧，但又不知如何表达出来，于是，她只能用极端的方式，想让我另寻出路，放弃快手，然后好好生活。可令她想不到的是，我不但没有放弃，反倒是越挫越勇，最后成功了。

我感谢这一切，让我变得强大，也感谢快手给我的机遇与挑战，更感谢我的妈妈，是她的推动力才让我能做出一番成绩。

我们应该感谢发生在我们身上的一切。我们应该庆幸，只要我们身体健康，我们就是幸福的，就算是在医院里躺着，我们同样应该庆幸，我们还活着，而活着便是上天赐予我们的最大恩惠。

活着就好，不必感叹别人的富裕，嫉妒别人的权势。如果我们能把焦点放在自己身上，你会发现我们自己也有很多让别人羡慕的精彩。那些无休止的欲望，只会让人徒增烦恼。

即便有些发生在我们身上的事情，在别人眼中看起来是不幸的，我们也应该去感谢。"不幸"那是别人的态度，不是你应该拥有的态度。如果你怀着感谢的心情来看待它，你就能看到"不幸"事情中很多对你有意义的东西。

感恩，不仅是改变命运的动因，更是我们生命中的雨露。它能让我们坦然接纳生命中的好与不好，让我们尊重和感激所遇到的人和事物，过滤掉那些复杂和负面的部分，让自己保持最初的真心和最快乐的样子。

同样的世界，想拥有不一样的人生，那就需要用庞大的能量去驱动自己，不管是接纳、爱还是感恩，其实都是我们心灵的必需品。

我想，痛苦的日子，总是短暂的。因为，追求美好，逃离痛苦是人的天性，而感恩最大的好处不仅在于它能带来不一样的状态，还能给你带来无穷无尽的能量和快乐。

我们感恩他人，不仅是为了别人，也是为了自己。

只求善的付出，莫问善的前程 ▷

2020年初，新冠病毒疫情暴发。在此期间，我在新闻上看到了好多感人的事，触动最深的还是疫情期间，那些勇于站出来的志愿者。

在疫情的关键时期，我们居家防疫，他们却奔赴在城市的无数角落，冒着生命危险贡献自己的力量，不计任何报酬。

"这个城市生病了，我也想尽力帮帮它。"在重灾区武汉，有志愿者这样说。很简短的一句话，却藏着强大的力量。这让我想起很多同样感人的故事：

被称为"最后的赤脚医生"的李春燕，卫校毕业后便成为一名乡村卫生员，且是她所在村的唯一一名卫生员，而且还没有编制。她所在的村条件极其艰苦，大多数村民都没有多余的钱看病。但是李春燕没有任何怨言，在每月"亏空"的情况下仍尽心尽力对待着村里的每一位病患。

2004年初，一直"赔本经营"的李春燕决定去广东打工，当她准备出门的时候，闻讯而来的乡亲们正好赶到，纷纷从衣服里掏出皱巴巴的一元、两元钱交给李春燕，对她说："李医生你走了，我们可怎么办？这是我们还你的账，不够的我们明天把米卖了，再补上。"

面对朴实的乡亲们，李春燕最终选择了留下来，继续为这个乡村奉献着自己的一切。

据统计，抗疫期间，全国约有1.5亿的志愿者活跃在这场看不见硝烟的战场上，拼尽自己的全力去守护普通人的健康。

这样的无私奉献，让我深受感动。致敬这一群平凡英雄，是他们的不计回报，我们才能有机会在灾难之中脱险，是他们在为我们负重前行。所以，我们更应该好好珍惜现在的生活。

我觉得，人生的一切不是算计得来的，而是付出得来的。而我，也想尽自己最大的能力，去帮助那些需要帮助的人，去奉献我的全部力量。

我以前的梦想是建敬老院，让孤寡老人能够安享晚年。我没有辜负生活，生活也没有放弃我，我正在一步一步慢慢地实现自己的梦想。如今，敬老院已经在几番曲折后建成了。我也如愿地实现了以前的梦想之一，每次我去敬老院，看着老人们在那边过得不错，我就感到非常幸福，很有成就感。

我现在还有一个梦想，就是做更多的慈善。我想，善良的人，终归是善良的。做一切奉献社会的事，我内心就是幸福的，有温暖，有力量。

我始终相信，世上从没有被命运抛弃的人，种下一个善念，会收获一种良知；种下一种习惯，会收获一种性格；种下一种性格，会收获一种人生。

你今日所得到的福气，或许就是你昨日悄悄种下的善念！

我很认同网络上的一句话：我们坚持一件事，并不是因为这样做了会有效果，而是坚信，这样做是对的。

我愿尽自己最大努力，把爱心传递下去。

Chapter 5

第5章

拿捏好恋爱的分寸

"

　　两个人相处是一门学问，尤其是在恋爱中，走得太近，两个人可能彼此厌倦；走得太远，两个人又可能从此疏离。因此，我们一定要懂得拿捏好分寸，这样才能收获理想的爱情。

爱情最重要的是真挚与忠诚 ▷

很多人会问，爱情里最重要、最难能可贵的是什么？答案可能有很多，比如宽容、体谅、相互扶持等，但我认为爱情中最重要的就是真挚和忠诚。

两个相爱的人，从一开始就是奔着相守一生而走在一起的，缺乏真挚的感情是难以持久的，看似浪漫的爱情，可能隐藏着危机；没有忠诚的爱情是会"夭折"的，满嘴说着"我爱你"，内心和身体却按捺不住对"外面世界"的好奇和窥探，其实是对爱情和婚姻的亵渎。

小杰高考落榜后，没有选择复读，也没有像其他年轻人一样外出打工，而是选择留在镇里经营自己家的服装店。后来，镇里的人给小杰介绍了镇上的一位姑娘小芹。起初，因为小芹长相平平，声音沙哑，小杰并没有看上小芹。由于小芹经常来服装店帮忙，家人都劝小杰将来娶媳妇娶贤，小芹勤快能干，是最好的人选。在家人的劝说下，小杰才与小芹确定了男女朋友关系，小杰也慢慢喜欢上了小芹，并打算与小芹准备婚嫁事宜。

一天，小杰去隔壁棋牌室闲转，他发现有一位姑娘，是新来的牌友，最近经常来玩牌，只见那姑娘出落得清秀可人，声音甜美。经过简单聊天后，小杰发现，原来这位姑娘是小杰小时候住在隔壁院里的玩伴。小时候这位姑娘被人欺负，小杰总是为她打抱不平。那时候，小杰的英雄形象就已经扎根在小姑娘心中，于是这位小姑娘想要长大后嫁给小杰。但后来那位姑娘搬家了，两个人便从此没有了联系。

如今，看着儿时的玩伴，再看看自己的女友，相比之下，小杰就对这位姑娘心生爱意。而这位姑娘这次回来，也恰好是希望未来能够嫁给小杰这位心目中的英雄。

后来，姑娘大胆地向小杰表白。此时的小杰内心欣喜万分。但小杰在众人眼里是在与小芹谈恋爱，迫于家人的压力小杰选择偷偷地和这位姑娘交往。一天，小芹去棋牌室借东西，发现小杰与那位姑娘举止暧昧，对自己的感情不忠。尽管如此，她还依然十分喜欢小杰。于是，小芹找到了我，希望我能帮她让小杰回心转意。

经过好几次电话沟通，我发现小杰心里犹豫不决，不知道该如何抉择。我告诉小杰："两个人恋爱，再甜蜜，终究是要回归婚姻的。婚姻是人一辈子的大事，选对了幸福一生。你父母说得很对，娶妻娶贤。小芹勤快能干，而那位姑娘却经常沉迷于玩牌。再说你也不是不喜欢小芹，而且已经与小芹到了谈婚论嫁的地步。此时该如何抉择，你心里应该有杆秤去好好衡量。我觉得，你最好的选择是小芹。"起初，小杰并不在意我说的这些，经过我再三地劝解和引导，小杰最终明白父母的用心，也认真做了利弊衡量，遵从了我的建议，选择和小芹在一起。

爱情里的两个人，因为相互吸引而你中有我，我中有你，容不得第三个人插足。如有他者，则无异于在爱情里插上了一把浸满了毒液的利刃，这把利刃正中爱情的心脏，带来一刀毙命的可怕后果。

无独有偶，我还处理过一件类似的情感纠纷：

张琴中年丧夫，杜峰大半辈子都是单身。在村里人的介绍下，两人相识。相处半年后，两人便在一起了。

按理说在一起生活六年，两人的感情应当非常不错。但令人意想不

第5章

拿捏好恋爱的分寸

到的事情却发生了。张琴在玩牌的过程中，又认识了一个像杜峰一样半辈子都没结过婚的男子，张琴与这位男子相互产生好感。此后，这位男子便出现在了张琴和杜峰的生活当中。三人不但产生了情感纠葛，还产生了经济纠纷。

这个男人虽然没有什么经济来源，但总是能够用甜言蜜语说到张琴心坎里，让张琴心甘情愿给他钱花。就这样，三个人的经济来源就都落到了杜峰身上。而杜峰则是一个非常朴实的老实人，年年种地的收入全部交给了张琴，自己却省吃俭用，结果张琴却拿自己的钱给那个男人花。杜峰对此不能接受，于是给我打电话，说这个男人抢走了他的女人。

我听到杜峰的诉说，建议杜峰从三个人的情感纠纷中退出来。但杜峰十分不甘，因为这些年来，他在张琴身上付出了很多。与张琴相处的六年里，杜峰给张琴花了五万多元。如果就这样放弃了，人财两空。我问那个男人是否真的喜欢张琴，如果喜欢就替张琴把五万多元还给杜峰，证明自己对张琴是真爱。结果，那个男人根本不愿意替张琴还这笔钱。

经过我苦口婆心地劝解和开导，张琴终于明白，还是杜峰对自己好。最后，张琴选择了和杜峰在一起。

我认为，在整件事情中，造成情感纠纷的局面，完全是因为张琴在感情中不够忠诚。其实，无论爱情也好，婚姻也罢，两个人能够相遇都是一种缘分。但总是有一方会因一时冲动，或经不住诱惑而犯错。其实，为了爱情，心中有坚持和信仰的人，必定不会因为外界的诱惑而动摇半分。

俗话说"苍蝇不叮无缝的蛋"，只要自身硬气，在爱情里有足够的真挚与忠诚，就能抵挡住任何诱惑。

如果设身处地去想一想，没有人会接受自己的另一半对自己的背叛，也没有人会对一个背叛者释怀和原谅。但凡那些选择原谅的人，都是深爱着对方，极力想要维护自己即将崩塌的家庭的人。

爱情是身心合一的一种境界，既然爱了，就要无怨无悔地拿出自己的真心和真情，表达自己的忠心与忠诚，不然那一定不是爱情。所以，我郑重奉劝感情世界里的男女，认真对待你的感情，虔诚地对待你的婚姻。对伴侣的真挚和忠诚，是对爱情和婚姻最大的尊重。

别拿现实中的他和理想比较 ▷

　　每个女人都对爱情充满了美好的憧憬和幻想，在她们的心目中，总会有一位帅气俊朗、暖人贴心、懂自己又多金的白马王子踩着七彩祥云来迎娶自己。但这毕竟是幻想中的完美恋爱和结婚对象。

　　人们对于自己理想的爱情，理想中的另一半，总会事先描绘出一个蓝图。所以就会出现"理想型标准"：A、B、C、D，这四种不同的选项，而你的生活中恰好出现这么一个人，他满足了四项标准中的A、B两项，那么你就可能自行脑补地认为他也满足你的C、D标准。于是，你在看到这个人时，就会小鹿乱撞，内心激荡不已，相信他就是自己心里那个完美无瑕的人。此后你便喜欢上了这个人，心甘情愿地为他掏心掏肺，付出一切。其实你爱上他，更多的是爱上了自己心中的幻想。

　　于是，你创造了一个理想型好男友、好丈夫的模型，然后将对方硬塞进去。不管你当时多么兴奋，对未来的美好情感多么向往，但这一切都只是你自己出演的独角戏。当你们在真正相处的过程中，一旦对方没有与你创造的模型相吻合，一旦对方没有按照你的剧本"出演"，你的内心就会因为现实与理想的落差而不满，甚至抓狂。更有的人则强力将对方打造成自己的理想型对象。

　　可是，你有没有想过，对方会为了你而成为你想要的那个理想型男人吗？事实上，很少有人会受得了你的强硬式调教方式，有的人或许前期因为爱你而忍受这种原本不属于自己，原本自己不擅长的风格和类型，但时间久了，试问谁能忍气吞声地任由你摆布和改造？最终，你这样做的结果是，你将自己原本幸福的恋爱、美满的婚姻一手葬送，将你调教的男人一手推出去，成就了别人，幸福了别的女人。

对于现实和理想的问题，我处理过这样一个案例：

潇潇和志军在镇里的一所高中上学时就开始谈恋爱。后来，两人离开农村出去闯荡，并各自找到了工作。为了能够婚后有更好的生活，两人一起拼搏了三年。按理说，他们结束了马拉松式的恋爱，在别人眼里是非常让人羡慕的一对。但自从两人在一起生活后，潇潇心中就有了一套新的衡量标准。

另一半能够为自己分担家务，原本是好事。潇潇对志军不但不给予表扬，还经常批评志军："你看你洗的衣服，领口和袖口这是什么？这么脏，洗了还不如不洗！"

志军做饭给她吃，她不但不感动，还冷嘲热讽地说："你做的这能吃吗？不是打死卖盐的，太咸，就是舍不得放盐，太淡。做饭能不能靠点谱？"

志军出去办事，她更是唠叨埋怨个不停："出来办事，连个话都不会说，让别人怎么看你？让别人怎么看我？""你干啥啥不行，做啥啥做不好，我当初怎么看上你的？"诸如此类的话，说了太多，也让志军听了太多。

刚开始，志军只是黑着脸不吭声，但时间久了，就再也无法忍受潇潇天天喋喋不休的数落，便和潇潇顶起了嘴，两人的争吵更是不断增多。志军便说："嫌弃我洗的衣服不干净，你自己洗。"随后便将衣服随便一扔，摔门而出。"嫌我做的饭难吃，以后你自己做，我还懒得做呢。"随后两人便冷战好几天。

虽然事后两人和好了，但潇潇还是忍不住要责备志军。就这样，两人吵吵闹闹、磕磕绊绊地过了一年。然而他们之间的积怨也随之变得更深。终于有一天，潇潇再次责备志军的时候，志军彻底暴发了："你烦不烦，觉得我不是你的理想型，看我不顺眼，干脆分手好了，你看谁顺眼，就跟谁过去吧！"说罢，他将所有的衣服、碗筷全扔了出来，摔得满地狼藉，潇潇看到眼前的一切惊呆了。更让她吃惊的是，志军会说出分手两个字。她顿时泪流满面，但更多的是委屈，认为自己一心为了志军好，为了让志军成为一个更完美的人，却换来了这样的结果。于是，潇潇直接离家出走了。

后来，潇潇后悔了，因为她不想和志军分手。她找到我，希望我帮忙做调解。我给出的建议是：要么分手，要么改掉自己的想法和毛病。起初，潇潇并不认为是自己的错。但经过我的开导，潇潇才明白问题出在自己身上，是自己对男朋友太过苛刻。经过我的再三调解，志军表示，愿意和潇潇继续在一起，但前提是潇潇保证以后改正自己的毛病，并能够做到不再吹毛求疵。

两个人生活在一起，适当地给对方提出意见和建议，有助于双方共同进步。但如果总是像一个严格的"质检员"，将对方的小毛病无限放大，对对方太过挑剔，总是拿现实中的男友和自己的理想标准来对比，太过要求对方变得更完美，这些都会助长对方的逆反心理，使得对方与自己越来越远。这也是造成恋爱关系、婚姻家庭破裂的罪魁祸首。

这个世界，没有谁做任何事情都能够十全十美。一味拿着理想的标尺去衡量自己的男友，容易使情侣之间产生嫌隙，甚至是敌意。这会破坏恋爱关系的稳定与和谐。

恋爱经不起这样折腾，要想将男友变为一个万能超人，就要先学会赞赏对方。你的赞赏，能让他心甘情愿地提升自己。

在爱情中保留自己的尊严 ▷

在恋爱中，有的人可以为了对方付出自己的一切，只要对方开心，掏心掏肺都无怨无悔。这样的付出，换来的会有两种结果：

第一种，自己的付出，换来对方的感动。对方会因为自己的真心、真情付出将心比心，同样拿出自己的真心和真情回报你，甚至对你更好。这样的良性循环，使得两个人的关系持续升温。你的付出感染了对方，也因此而赢得了对方的相守一生。

第二种，自己无论付出多少，对方都像石头一样无法被感化。你的付出，对方照单全收，但并不会将自己托付给你，而是一味地享受着你给他的一切。说到底，他享受的和需求的，都不是与你之间的感情，而是从你对他的爱慕里可以得到什么，享受到什么。

面对第二种情况的人，往往会做出两种选择：

第一种选择是，果断放弃，重新寻找适合自己的人。一段感情里，一方无休止地付出，却没有获得任何肯定的回应，这样的感情里，两个人的关系是不对等的。虽然也因此伤心和难过，但唯有果断地从这样的感情泥潭里走出来，才会有重新开始的机会，才能走向属于自己幸福的彼岸。

第二种选择是，依旧卑微地做着同样的事情。无论对方爱不爱自己，都不会影响自己对对方的爱。总是觉得没换来对方同等的爱，是因为自己做得不够好，自己的付出还不够多。于是，倾其所有后，便开始将自己的尊严也踩在脚下，将所有的体面都不顾。只要能换来对方的回眸一笑，都认为是值得的。

在爱情里，最重要的两个字是相互。相互理解、相互付出、相互爱，这才是爱情该有的样子。这样的平衡一旦被破坏，那么你们之间的爱情终究难以走得长久。

当一个人在爱情里丢掉了自己所有的尊严和体验，就预示着这段感情将走到尽头。你为了表示对对方的爱，愿意花心思，用一切可用的方法来讨好对方，觉得对方终有一天会为你的付出所动容，却不自知你的所有无下限的讨好，早已将你的尊严拉到了谷底。而在对方眼中，你的尊严对她（他）来说一文不值，因此才敢于随便践踏你的尊严，却始终不把你放在眼里。

我在做情感主播的过程中，遇到这样一对小情侣：

小罗在一所大学附近的理发店认识了小佳。那天小佳去理发店，恰好小罗为其做头发。其间，两个人闲聊，小罗便对小佳产生了好感，并互加微信。刚开始的时候，小佳说的话题小罗很多都没听过，不明白意思。小罗自知出身农村，高中毕业，文化程度赶不上小佳，所以为了不在聊天的时候出现搭不上话的情况，在以后聊天之前，他都要对小佳喜欢的东西、感兴趣的事情等，通过上网搜索、咨询别人等方式做好功课。

就像这样，两人在相互熟悉之后，小罗每天主动到学校给小佳送美食，帮小佳打扫卫生，还经常送小佳礼物，对小佳开始疯狂追求。但小佳却从来没表露心声，对于小罗对自己的物质、精神和资金上的给予却从来都是来者不拒。

小佳身边的朋友和同学都看到了小罗对小佳的真心付出。小佳却从来没有承认与小罗之间的恋爱关系。小佳有几个同学去找小罗理发，小佳叮嘱小罗不许收理发费。但理发店不是自己开的，小罗作为学徒，并没有权利和资格这么做。但是，他为了赢得小佳的芳心，便自掏腰包为别人付费，他仍感觉十分开心。

后来，小罗明白自身条件与小佳不匹配，自己是一个高中毕业就出来闯荡的理发学徒，家境也不好，而小佳则是一名名校大学生，家境优裕。小罗为了证明自己的上进心，为了能够稍微配得上小佳，于是离开了理发店，进了一家公司，做了职员。为了努力赚钱，为了能够给小佳更好的生活品质，小罗一个人，做三份兼职。每天早上五点半去早餐店兼职。晚上下班后，还要去做其他兼职。小佳却依然觉得小罗没有前途，而且每天忙于工作，没时间照顾自己、陪伴自己。

小罗经常一发工资就拿出一半补贴家用，另一半除了自己的日常开销外，其余全部给了小佳。在小佳生日前，小罗总是每天吃一顿饭，为的就是将省下来的钱给小佳买生日礼物。生日那天，小罗送了小佳一条500元的项链。没想到的是，小佳并不喜欢项链的款式，恰好室友表示项链很漂亮，她就随手将项链送给了室友。

两人就这样相处了一年多，小罗认为自己在与小佳的感情里付出了很多，却得不到对方的肯定和回应，感觉自己活得很卑微，没有尊严。于是打算不再坚持这段似有似无的感情。

但小佳却纠缠着小罗不放。原因是，她已经习惯了小罗无微不至的照顾。于是，她找我来调解。

我认为，小佳并不爱小罗，她爱的只是小罗追逐她的感觉，爱的只是小罗对她的照顾，爱的只是小罗给予她的金钱。归根结底，小佳爱的是她自己。相反，却将小罗对自己真挚的爱践踏在脚底。但小罗这种讨好式的爱的表达方式，让小佳认为一切都是理所当然。小罗为了能够配得上小佳，将自己的地位放得极其卑微。所以，我的建议是，小罗与其卑微地谈着讨好式的恋爱，不如果断放手，重新寻找属于自己的幸福。

在婚恋当中有一个残酷的真相，那就是地位越是卑微的一方越容易受委屈，越不被对方珍惜。婚恋当中，地位卑微的一方，在感情里面往往处于劣势。平时不敢大声说话，总是讨好对方，想要博得对方的欢心，对方提的要求，你努力地满足，而你提的要求是不是能够得到满足，完全看对方的心情。

恋爱中，每个人都是独立的个体。即使结婚后，也是独立的个体。作为个体，每个人都有自己的尊严。任何时候，不要为了所谓的爱情而放弃自己的尊严，不要因为太过爱一个人而一直委曲求全，失去了自己原本的模样。你越是低三下四，对方越是看不起你，越是觉得你的爱很廉价，越是轻贱你的付出和真心。爱一个人，即便付出感情，也要给自己留一些余地。不要毫无底线地爱一个人，爱他更要爱自己。学会爱护自己，让自己活得有尊严，才能赢得对方的爱与尊重。

请记住一句话：真正能够欣赏你的人，永远欣赏的是你本来的样子，而不是你卑微讨好的样子。

理智和情感并行 ▷

一见钟情，只需0.3秒。对方一个不经意的眼神、一个简单的动作，就可以让一个人内心激动不已，确定对方就是那个自己要找的人，就是那个注定要和自己相守一生的人。这种相信一见钟情的人，就是典型的偏向于情感的人。

但有的人根本不相信一见钟情，认为0.3秒就能判定对方就是对的人，完全是无稽之谈。因为0.3秒让人心动的只是对方的外表和容貌，而不是内在性格、品质和气质。在他们看来，爱情就应该是平平淡淡的，在相处中逐渐培养和升华两个人的感情，这样的感情才更加牢固、可靠。显然，这类人就是典型的偏向理智的人。

我遇到过这样一件事情：

芳芳去一家公司实习，在这家公司上班的明哲，看到芳芳的第一眼，就对芳芳一见钟情。明哲认为芳芳就是这辈子自己要娶的人，是这辈子要和自己共度一生的人。

在认识芳芳之前，明哲早已对自己的人生做好了规划。明哲出生在河北的一个小农村，虽然学识不高，但他却用自己积极的进取心弥补了自己的短板。他曾四处打工，搬过砖，扛过水泥，也跟村里的泥瓦匠学过很多砌房技巧。后来他在重庆打工的发小邀请他去一家房屋装饰公司做刷墙涂漆的工作。一年后，凭借自己的努力，明哲已经升职为门店经理。他原本打算在重庆再打工两年，就回河北老家创建自己的工作室，并在保定安家。但芳芳的出现，使明哲完全放弃了自己原有的人生规划。明哲认为与芳芳相比，自己的人生规划都不再那么重要。于是，为了芳芳他在重庆买了房子。

在两人交往几个星期之后，明哲就在一次邀请芳芳共进晚餐的时候，单膝跪地求婚。芳芳被这突如其来的求婚惊呆了。芳芳认为，他们认识的时间太短，彼此根本不了解对方，明哲的求婚太过仓促，因此芳芳理性地拒绝了。

在之后的日子里，明哲发现，自己似乎是芳芳的隐形男友。因为芳芳从来不在朋友圈公布自己的存在，也不将明哲介绍给自己的朋友。而在芳芳看来，明哲并没有达到自己理想型男友的标准，只适合在两个人的时候承认，还没有到可以对外宣布的时候。明哲为此苦恼不已，感觉永远难以得到对方的认可。于是，明哲向我求助。

从两个人在相处过程中的举止行为中，我发现明哲对于这段恋情太过感性，而芳芳则在感情问题上，是一个十分理性的人。所以，我劝明哲，要么从这段感情里果断走出来，要么就从各方面提升自己，直到让对方真正认可。后来，明哲选择了放弃，因为他不知道自己要提升到什么程度，才能获得芳芳的认同。

理智和情感是不同人对爱情的不同看法和处理方法。

感性能将人快速带入一段情感之中，感性的力量能够鼓舞人在这段关系里前进。因此，偏向情感的人，相信两个人的爱情在荷尔蒙的碰撞下就能迅速产生。在确定自己看到对方就产生心跳加速的感觉后，便会像飞蛾扑火一般，对对方展开疯狂追求。也许他们并不了解对方，不知道对方是一个怎么样的人，但在自己心动的那一刻，已经完全沉浸在与对方在一起的美好想象当中，憧憬着美好的未来。这也许就是人们口中常说的爱情中的"傻子"，他们往往对对方的感情，始于不了解的一见钟情。在相处的过程中才发现，一切的浪漫与美好都被现实打破。最终给其带来的伤害是不可想象的。

而理性则能够让人在情感关系中明确自己的情感方向，能清楚地知道自己想要从这段关系里获取到什么。因此，理智的人在遇到喜欢的人时，并不会表现出迫不及待的样子。相反，他们不会主动、迅速表白，而是通过在与对方相处的过程中，观察对方、了解对方。在他们看来，只有这样才能更好地了解对方的价值观、人生观和世界观是否与自己一致。这也是判断对方是否是能与自己相知、相爱一生的人。理智的人，他们理智和冷静得可怕。他们会在证实对方适合自己之前，将对方深藏于心底。

但我认为，在爱情中不管怎样，当你决定走向爱情时，就要在不同的条件下，灵活处理理智与情感。在情感关系里，太过感性或太过理性，无论偏向哪一方，都会失去平衡。不论情感控制了理智，还是理智制约了情感，都不利于两人情感的向前推进，甚至会加速两个人关系决裂的速度。爱情是一件复杂的事情，不是仅仅用感性就可以驾驭的，爱情还需要用理性去维护。然而太过理性的人，有时又很难把握住难得的爱情。

最好的爱情应当是平衡好理智和情感的天平，让理智与情感并行。理智需要情感来调味，情感需要理智来制约。这样，恋爱的过程中，既不荒唐，又不死板无味，也就少了许多悲剧，多了份祥和。两个人的爱情要想持续、稳固地走下去，就需要维持理智和情感的平衡。这样，当感性的"爱"与理性的"觉"相互碰撞时，才能真正成就美好的爱情。

异地恋也可以好好爱 ▷

随着时代的发展，越来越多的人因为求学和工作，不得不背井离乡。也因此，使得很多相恋的人不得不分离，异地恋也成了时代发展的一个缩影。异地恋的两个人因为有着深厚的感情，所以能够维持下去。因为能够忍受很多痛苦，所以最终收获幸福。

在很多人看来，异地恋根本是件不靠谱的事情。异地恋的难度之高，超过了人类历史上的所有恋爱形式。哪怕是柏拉图式的精神恋爱，在难度上也不能和异地恋相比。

相恋的两个人像牛郎织女一样，天各一方，看不到，摸不着，即便有网络、手机、社交软件，可以网上聊天和视频通话，但依旧缺少了那份真实感。而且，彼此身处异地，在最需要对方呵护、安抚的时候，对方却在手机的另一头一筹莫展。

恋爱关系中，异地恋的两个人因为距离问题，猜忌和怀疑似乎成了家常便饭。远在他乡的两个人，彼此不了解对方的生活，只要有一方没有及时回复信息，只要一段时间联系不上，各种猜疑就会接踵而至。猜忌使得两人的爱情变得无比脆弱，让双方经常因为一点小事就产生误会和争吵。吵着吵着，感情淡了，爱情也就散了。

对于异地恋的问题，我处理过这样一件事情。

小琳和男朋友是异地恋。大学毕业后，小琳立志发展农村事业，便回到村委工作。经过村民介绍，小琳与同村在外打工的男孩相识相恋。后来，小琳好不容易下定决心，放弃自己的梦想，来到了男孩工作的城市——杭州，两人终于走在了一起。此后，小琳找了一份离男友工作地点很近的工作，这样两人能够一起上下班。但为了事业有更好的发展，为了两人有一个美好的未来，男友接受了公司的指派，到了广州分部工作，而小琳选择留在了杭州。原本一对出双入对的"鸳鸯"就这样被拆散，各奔天涯，重新过回了异地恋的生活。

然而，说好的"我定娶（嫁）你，白首不离"，最后还是没有敌过时间和距离。男友在广州事业蒸蒸日上，半年时间就加薪升职。但与此同时，也忽视了对小琳的关心。两人的通话时间和频率越来越低，见面的次数越来越少，男友也不像以前那样经常分享自己的喜怒哀乐，甚至有时候电话打过去，收到的不是电话忙音，就是"我很忙"。

小琳对于男友态度的转变感到疑惑，怀疑男友移情别恋。然而男友再三解释，也没有消除小琳对他的猜忌。小琳的男友找我帮忙劝和。整个事件中，经过再三询问，过错不在于小琳的男友，而在于小琳本人，因为两人身处异地而小琳太过猜忌对方，所以两人的感情出现了隔阂。我劝小琳，如果真心爱自己的男友，就别再胡乱猜疑，珍惜他们过去难得的爱情，尽早到一个地方工作，争取回归正常的恋爱状态。后来，小琳接受了我的建议，与男友重归于好，并在不久后前往广州工作，获得了美好的爱情。

异地恋往往就像是美好的童话故事一样，相恋的两个人隔着千山万水，承受着旁人无法理解的痛苦，也拥有着旁人体会不到的幸福。但异地恋更多的是对彼此的考验。小琳和男友相恋五年，不仅禁住了考验，最终是有情人终成眷属。

人生中有恰好的遇见，也有曲终人散，但异地恋能经得住考验的，终究

第5章 拿捏好恋爱的分寸

能苦尽甘来，修成正果。任何一段恋情，都需要双方精心维持，否则走着走着就散了。其实异地恋也能够长久维持下去，这就需要两个人去保持异地恋的新鲜感。

最近，我还收集了一些恋人维持异地恋的经验，总结了非常有价值的几条建议分享如下：

1.女生不作死，男生不花心

异地恋的两个人爱得不容易，所以要想好好爱对方，女生不作死，爱情就不会死；男生不花心，爱情就不会夭折。可以说，女生不作死，男生不花心是异地恋能够得以维持的最基本条件。

2.相互信任，共同成长

异地恋最忌讳的就是相互猜忌，相互不信任。信任是两个人能够继续走下去的驱动力。如果想要继续，那么请一定要给予对方足够的信任。

此外，共同成长，共同进步也很重要。思想上要同频率进步，不要让对方认为你是一个思想陈旧，跟不上时代的人。可以多看书，多学习相关知识以提升自己的品位，并将自己认为有意义、有价值的东西分享给对方。

3.保持经常视频和通话

每天尽可能多花时间与对方视频通话。除了工作时间，经常保持通话，很多人可能不能理解这种行为，认为这样做控制欲太强，其实并不是。之所以要经常保持视频和语音通话，是因为平时距离问题见不到对方，但如果能经常视频和语音通话，就感觉对方就在自己身边。哪怕开着视频和语音不说话，只是默默地看着屏幕中，对方做其他事情的画面，听着对方的声音，对双方来说，也是一种惬意和满足。

4.经常尝试改变自己的形象

一个人的外表装扮一成不变，会让对方失去新鲜感，尤其是异地恋则更甚。所以，要经常尝试不断改变自己的服饰、发型风格等，给对方视觉上营造更多的新鲜感，这也是保持彼此情感稳定的重要方法。

5.有一个共同的美好规划

要去体验两个人之前从来没有共同体验过的事情，做一个计划，找时机一起去实现。这样可以为彼此创造更多浪漫、有意义的回忆。

6.要有仪式感

异地恋中的两个人，因为距离问题不能经常见面。定期见面，一起旅游，互赠贴近生活的小礼物，让对方每次使用或看到小礼物的时候就会想起你，这样才会让对方感觉虽然你远在异地，却给了对方很多温暖。

在爱情里，只要真心相爱，距离不是问题，终归都能在一起。如果分手了，请不要责怪距离，你应该很庆幸，自己离开了一个并不真正爱你的人。所以，如果你们真心相爱，不要觉得寂寞，不要觉得委屈，因为经过寂寞和委屈考验的人，最终换来的是一份最为真挚和美好的爱情。这种爱情是别人羡慕不来，求之不得的爱。

Chapter **6**

第**6**章
如果恋爱中途有风雨

"

　　有时，恋爱并不都是一帆风顺的，总会遭遇各种各样的情况。要想走过这些坎，就应以正确的心态去应对，而不是怕被风雨打倒。风雨不可怕，被风雨击败才可怕，如果你能战胜它，风雨过后，不是还有彩虹等待着你吗？

失恋者并非失败者 ▷

　　身处恋爱期的人往往感觉是甜蜜的，因为恋爱的时候可以享受来自对方的呵护、宠溺、包容，这种感觉是无比美好的。但人生无常，恋爱也如此。失恋也是恋爱过程中的一种常态。

　　失恋的人，往往有着一种被抛弃、被否定的感觉。面对失恋，很多人认为自己被否定，是一个失败者，难以从痛苦中走出来。

　　冰冰的父母找到我，希望我能开导冰冰。原因是冰冰被男友甩了，内心很痛苦。冰冰与男友是初恋，从相识到相知相恋，再到如今的分手，历时五个年头。前两年，两个人处于蜜恋期，每天腻在一起，如胶似漆。但渐渐地，两人的情感并不像起初那样甜蜜了，大大小小的矛盾和吵闹堆积在一起，不计其数。两人虽然也想过分手，但最终还是顾念着五年的感情，没有分手。然而，这次男友果断提出了分手，一连两个月都没有主动联系她，冰冰打电话过去，男友也不接电话，发微信和QQ信息也被屏蔽了。甚至男友还放出狠话，说自己已经开始在相亲了。

　　冰冰听到这些，感觉像是天塌下来一般，知道男友这次是认真的，也是不可能挽回的。于是，她每天沉浸在懊悔、悲伤和痛苦当中。冰冰痛苦到没力气吃饭，整个人感觉像被抽空了一样。她白天精神恍恍惚惚，上班的时候也会想到男友，晚上辗转反侧难以入眠，一闭上眼睛，脑海里全是与男友经历的点点滴滴。一想到这些，冰冰就泪流满面，曾经两个人那么相爱，如今却形同陌路，可是自己却对这一切无能为力。因为分手，冰冰感觉自己失去了生活中的支柱和依靠，自己也不再是他的唯一。她认为自己是个失败者，甚至想过轻生。

我认为，冰冰是一个重感情的女孩。因为，在感情中，伤得越深的那个人，往往是爱得越深的那个人。所以，在我的再三开导下，冰冰才从伤心和痛苦中慢慢地走出来。我还建议冰冰的家人经常带她出去旅游散心，以减少内心的苦闷。一个人眼里满是美好的风景，内心被新事物占满时，就会走出阴霾，忘记过去迎接新的生活。

爱情的确是一件让人着迷的东西，有多少人为了爱情奋不顾身、狼狈不堪。恋爱的时候，觉得对方主动追求自己，就好像自己拿到了一手好牌，自己怎么打都会赢。但最后却输了，悲伤、痛苦不已。甚至感觉自己很失败，觉得自己不被肯定才会被抛弃。

相恋的两个人，分手后感觉痛苦，只能表明你自己曾经真爱过对方。你自己有多痛，爱对方就有多深。既然对方能够下定决心，果断与你分手，说明对方并没有像你那样爱着你，也并没有像你想的那样，将你当作他的唯一。

在恋爱中，失恋没什么大不了，发现自己看错了人并不要紧。因为，谈恋爱的过程和人生是一样的。一个人是需要不断地试错，才能让自己不断成长。

首先，一次失恋，虽然让自己受到了不可逆的伤害，但并不能否认，在相处过程中自己也存在一定的问题。比如任性、冒失、不够独立、太过自我，甚至过于注重享受被爱的感觉而忽略自我提升等。

其次，蜜恋期的两个人，总是将自己包装得很好，让人难以发现对方的缺点。再加上爱屋及乌，即便是对方的缺点，在自己眼中也是独一无二的优势。但相处时间久了之后，才突然发现其实自己超级喜欢的那个人也并没有自己认为的那么优秀。所以，一次失恋，可以让你更好地提升识人、辨人的能力，让你在下一段恋爱中变得更加理智。

最后，一段爱情之所以失败，必定在相处模式上存在一定的问题。失恋可以教会你什么可以做，什么不可以做，教会你如何在爱情当中与对方相处得游刃有余。

因此，一个失恋的人，最需要的是自我疗伤，而不是身陷失恋的囹圄。天涯何处无芳草，何必单恋一枝花。你在舔舐自己伤口的同时，也是对过往感情的一种祭奠。既然对方爱得没有那么深，或者对方已经不爱了，何不一笑而过，重新来过？与其痛苦，不如给自己受伤的心疗伤后重拾自信，走出来，然后再走进去。

◎爱情，有时就是瞬间击中彼此内心的感觉

◎相爱相知，温柔以待

◎家这个小窝，需要相爱的人一起守护

◎寂寞的时候，你会想起谁

理解、接纳双方的差异才能幸福 ▷

在恋爱中，如果问及什么才算是幸福？相信很多人的回答是：喜欢自己的，也是自己喜欢的，两个人能够在某件事情或某个东西上非常有默契，能够达成一致，共同完成，这就是幸福。但很多时候，现实却恰好与此相反。这也是很多人感觉自己不幸福的原因。

之所以会在相处过程中发觉对方并不是自己喜欢的人，发现自己与对方默契越来越差，感觉幸福感嘎然而止。这是因为恋爱初期，在荷尔蒙的刺激下，一方面迷恋于对方外表和容貌，对对方的差异性视而不见；另一方面双方都会扮演对方喜欢的样子。在彼此熟悉以后，双方都开始显露自己的真实状态，于是两人的情感进入了幻灭期。面对彼此的差异性，表现出失望，进而产生对抗情绪，争吵也随之而来。很多恋情往往因此而终结。

之前有一个90后女生因为情感问题，向我寻求过帮助：

这位女孩在进入一家公司后与男友相识。但相恋两年后，便开始闹分手。原因是两人发现彼此性格差异很大。男友在疯狂追求自己的时候，对她体贴入微，在确定恋爱关系之后，她却发现男友大男子主义，而且有很强的控制欲。她不愿意被男友压迫和控制，所以两个人经常因为一些小事而吵得不可开交。在发生多次矛盾后，彼此都感觉筋疲力尽，恋情似乎走到了尽头。

女生找到了我，向我求助，问我这样的恋爱是否还要继续。我认为，他们的恋情濒临破裂的原因，就是双方过于注重自我体验，而没有顾及对方的感受，是不肯接纳彼此的差异而造成的。

很庆幸的是，这对情侣内心中还是深爱着对方，他们愿意接受婚恋指导，愿意为了这段感情而做出努力，做出相应的改变。后来他们彼此都愿意接受对方的差异，在恋爱中得到了成长，从此两人相处得很融洽幸福。

爱情中，很多矛盾的根源在于无法理解和接纳对方的差异。通常，这些差异可能是兴趣爱好、生活习惯、家庭出身、个人素养、思维方式、价值观、消费观、理财观、道德观等不同造成的。不可否认，很多相恋的人，在认识到双方差异性存在的时候，会用一些不恰当的方式来处理，以至于一有矛盾就吵架，最终伤害了彼此，甚至两人的感情越吵越淡，最终不欢而散。

其实，恋爱双方存在差异性并不是坏事。在爱情当中，差异性是一种难以避免的现象，却对恋爱双方的关系有一定的积极意义。

美国著名心理学家萨提亚说过："人们因相同而有所联结，因相异而有所成长。"这句话恰好揭示了，相恋的两个人之间因为差异，才使彼此为了减少两人之间的差异，缩小两人之间的距离而体察自我，提升自我，从而实现共同成长，共同进步。因为在改变自我，减少差异的过程中，双方可以通过寻求彼此的需求，更加了解对方，更知道如何才能走进对方的内心；双方通过寻找减少差异的方法，使彼此变得思想同频，行为同步。这样在丰富彼此的生活和情感体验的同时，实现两人的共同成长。

恋爱中的两个人，发现彼此的差异，会让自己感觉痛苦，但同时也意味着，只要做出适当的改变，依然可以幸福地爱下去。

重塑自我，给对方新的认知和感受 ▷

相信大部分经历过分手的人，都是痛苦的、悲伤的。为什么蜜恋期两人如胶似漆，到最后却走到了天各一方的地步。那些恋爱分手的朋友，你有没有想过，你们的感情难道是说变就变的吗？罗马不是一天建成的，你们的情感出现裂痕也不是一天两天就能形成的。

一段感情不能再继续，不是因为彼此太了解，而是因为彼此失去了新鲜感，有一方不再愿意去了解对方。如果心里很爱对方，真的不想放手，就要想办法挽回你们之间的感情。但这并不是意味着让逝去的爱情起死回生，而是以一种新的姿态去开始一段新的感情。这就需要两个人都做出自我改变，重新塑造一个全新的自我，给对方新的认知和感受，以实现彼此之间的二次吸引。

一个人如果连自身劣质的东西都改变不掉，那么你又如何挽回你的恋情？挽回恋情的本质就是想让恋情回归，那为何不先把自己变好一些，然后让对方重新接纳呢？

重塑自我就是对自己进行由浅入深的改变。一个人自身进行改变，对于挽回恋情能产生很大的影响。因为，你在改变自己的同时，也渐渐找回了获取幸福的能力。同时，改变自身后，所散发出来的吸引力也随之改变。每个人对于新鲜事物都会产生好奇和新鲜感，更何况是有着相爱基础的恋人？

挽回爱情有策略，重塑自我有方法。我总结了几种重塑自我的方法：

1.认识自我

每个人都认为自己是最了解自己的那个人，但事实上并非如此。正所谓："不识庐山真面目，只缘身在此山中。"因此，要充分评估自己，明确自己的优点和缺点，回忆自己在恋爱过程中的各种情况和行为举止，才能更好地认识自我。

2.塑造自我形象

人与人初识时，往往对方看到的是你的外表和言谈举止，假如这些方面你表现得与众不同，才能激起对方对你的探索和好奇心。所以，进行自我塑造，首先要从自己的形象入手。

人靠衣装，马靠鞍。不管你愿不愿意相信，不论是找对象，还是找工作，同样的一个人穿着得体远比邋遢随意的状态更受欢迎。挽回爱情不一定需要你去整容塑形，但最起码要让人看到你精神饱满，积极向上的一面，如发型、着装风格上变得精致、得体，使自己的形象焕发光彩。这样以一个全新的形象出现在对方面前时，对方才会以一种全新的角度去认识你，看到你更积极的一面。

3.重塑自我性格

两个人在一起是对彼此性格的一种磨合。感情出现问题，原因也可能在于性格上的问题。要想挽回感情，就需要磨掉那些无法与对方契合的棱角，才能保证爱情能够继续下去。但这并不意味着去一味讨好对方，而是在保留自己个性的同时，对那些对方无法忍受，也确实存在问题的地方进行重塑，如过于娇气、固执多疑、易暴易怒等。

> 有一对情侣，小于做室内装修工作，小苏是一家教育机构的职员。小苏所在的公司有装修需求，恰好公司派小于过去与小苏做业务方面的对接。于是，一来二去，小于喜欢上了小苏，觉得小苏人长得漂亮，善解人意也很温柔，并且行事有方。总之，在小于眼里，小苏是一个非常优秀的女孩，也符合自己的恋爱对象标准。经过四个月的追求，两人确

定了恋爱关系。

但此后，两人相处时间久了，小于越来越无法忍受小苏的性格。小于认为小苏脾气暴躁，过于娇纵，总爱耍大小姐脾气。每天小于必须说十次"我爱你"。小苏自己下班回家坐地铁只有两站地，却要求小于坐七站地到小苏公司接她下班回家。经常在一起吃饭时，小苏要小于喂自己吃，这样的过分要求举不胜举。刚开始时，小于内心还是比较乐意为小苏做这些的，但时间久了，小于认为小苏的这些要求太过无理取闹，而且不断变本加厉。小于实在忍无可忍，便要与小苏分手。

小苏认为自己还是很爱小于的，不愿意与小于就此结束两年的恋情。于是，她找到我，希望我能够帮她挽回这份爱。我认为，造成这样的结果，一方面是因为小于过分对小苏宠爱；另一方面是小苏过分娇纵、性格太作。后来，在我的分析和指导下，小苏知道自己错在了哪里，也愿意进行自我性格重塑。而小于表示，如果小苏能够改掉以前那些性格上的问题，还愿意接纳小苏。

后来，经过后期回访，的确小苏在性格上改善了不少，也因此重拾了与小于之前幸福的爱情。

4.重塑自我情趣

情趣是爱情的调节剂。在恋爱中，一个优秀的人往往不如一个有情趣的人。两个恋人之所以能够持久幸福下去，情趣是不能或缺的。每天过于平淡无奇的爱情，势必让人感觉索然无味。适当给爱情增添一些调味剂，会让彼此感受到不一样的爱的味道。例如，可以经常约会看电影，给对方制造一场浪漫的生日宴等。

在情感世界里，每个人都有自己的喜好和价值观。当彼此追求的喜好和价值观一致时，彼此才能感受到对方的青睐和爱。因此，当爱情出现问题时，一定要从自身出发，重新认识自我，以自己存在的缺点和问题作为突破口，不断重塑自我，去重新燃起对方爱的火焰。

恋爱不是战争，共赢才是胜利 ▷

　　恋爱中，不少情侣之间往往会因为一点小事就针锋相对，然后谁也不肯让步。在感情世界里，强势的人不在少数，但并不意味着弱势的一方，就一定会向强势一方示弱和低头。因此，各种争吵、矛盾和情感决裂往往就会由此而出现。

　　恋爱不是战争，何必针锋相对？感情中的两个人，磕磕绊绊在所难免，甚至有可能会因为对一件事情的观点不一致而争执不下，但任何时候都不要将自己的观点和看法，强加到别人身上。这样既是对别人的不尊重，也是对别人思想的绑架。退一万步讲，即便有一方吵赢了，又如何？你吵赢了，也可能会因此输掉了一段感情。

　　恋爱本是让人感觉甜蜜的事情，为何就要兵戎相见？为何要分出个谁强谁弱呢？在恋爱里，即使你不主动进攻，也不必时时刻刻以一颗戒备之心，随处防备，刻刻当心。两个人相恋就是要相互关爱，相互了解彼此的感受，相互尊重对方看待事物的态度。而不是与对方针尖对麦芒，非要一决高下。有时候退一步，你看到的不仅是海阔天空，更是一个美好和谐的世界：你尊重对方的同时，对方也会顾及你的感受；你能接纳对方的观点，对方也会在意你的想法。只有这样，才能使双方的感情更好地持续下去。

　　我在做情感主播的过程中，遇到这样一件有意思的事情：

悦悦和菲菲是一对好闺蜜。悦悦率先找到了自己的白马王子，后来通过悦悦的男友，菲菲也找到了男朋友。于是，两个好闺蜜，两个好哥们，他们就这样都找到了幸福的另一半。但好景不长，在菲菲恋爱半年之后，与男朋友之间出现了情感危机。原因是菲菲非常有主见，而她的男朋友也比较大男子主义。所以两个人在很多事情上都喜欢各抒己见，争个高下。久而久之，两个人越来越感觉对方不是自己要找的那个人。

悦悦和男友一起邀菲菲和男友出去旅游时，也能感到两人浓浓的火药味。菲菲总是看着悦悦和男友琴瑟和鸣的样子，内心又是羡慕，又是嫉妒。后来，菲菲实在是难以忍受与男友的这种相处方式，便向我寻求帮助。菲菲感觉自己遇人不淑，没有遇到像悦悦男友那样的人，没有找到真正和自己思想同频的那个人。

我认为，菲菲最需要的是与男友心平气静地坐下来好好谈谈。这样，当两个人出现观点不一致的情况时，能够很好地理解和解决彼此之间的观点差异。恋爱中的双方要多站在对方的立场上考虑事情。比如两人出去郊游，一方喜欢带很多郊游设备、食物、药物等。而另一方却认为这样做太过谨慎，考虑得太多，在城市附近郊游，完全没必要带过多的负重。当两人都将自己的观点说给对方听时，双方就都能够站在对方的立场上考虑，于是两人将观点中和，彼此各退一步，对这些负重进行精简，捡重要的拿。这样每次旅行，两人都能开开心心出门，甜甜蜜蜜回家。

后来，菲菲听了我的建议，尝试这样去做，没想到的是，收到了很好的效果。事后，菲菲特意打电话过来对我表示感谢。

菲菲后来能和男友相处融洽，关键在于他们找到了很好的相处之道，他们懂得了如何共处，如何让自己的爱情长存。有人说，爱情里，谁爱得多，谁就输得多；爱情能够长久下去，就需要有一个人低声下气，做出让步。事实并非如此。我想起了《简·爱》里的一句话："真正的爱情，是一场博弈。在博弈中，双方永远不分伯仲，势均力敌，长此以往才能相依相息。"的确，过强的"对手"让人疲惫和压抑，过弱的"对手"令人厌倦，失去在一起的兴趣。

爱情虽说是一场博弈，但并不意味着是一场战争。爱不是用自己的思想和观念来压制对方，更不是用来打败对方、征服对方。其实，双方争执的起因有时只是一件小事，但经过双方"荡气回肠"的斗争以及一系列的"情感酝酿"之后就变了味道。这样只能让你的爱情在日复一日的争斗中消散。

但凡长久的爱情，其中必然存在一定的，不为外人知的平衡。一份对等的爱情，既不需仰望，也不需俯身。这就像一棵木棉身边的兰花，你有你的坚韧挺拔，我有我的花香四溢，彼此吸引，却又相互独立。

爱情里双方是平等的。永远不要用自己的强势去压倒对方，也永远不要想着用自己的套路来张扬你的万丈光芒。放下成见与压制，多听听和想想对方的思想和感受，一切都可以在和平与和谐中解决，因为在恋爱中和谐美好才是共赢。

想放手，就必须学会果断 ▷

　　情侣之间出现磕磕绊绊在所难免。如果一段感情走到了分手的地步，又没有继续下去的价值和意义，那还不如果断放手。

　　天长地久的缘分固然美好，人人向往，但人世间的缘分却终是有聚有散。如果两人缘分已尽，无论如何再勉强也是徒劳的，甚至还会适得其反。当断不断反受其乱。如果反复纠结，就会延长自己被折磨的时间，最终拖垮自己。

　　有的人害怕自己分手后会难过，会承受不住每每夜晚想念对方的心痛，也会担心每次想到两人之前甜蜜的场景而后悔。分手的确会让人感到难过和心痛，但两颗心不能在一起，又岂能长期同行？

　　那天，有个听起来声音很疲惫的小伙子给我打来电话，让我教授他如何处理自己面临的感情问题。这位小伙子名叫小轩，生活在一个单亲家庭，在朋友的介绍下，他认识了女友小娟。因为自己从小就饱尝单亲家庭爱的匮乏，安全感的缺失，所以小轩从小也就明白一个道理：如果相恋的两个人，不能把自己的情绪处理好，不能给对方足够的爱和安全感，就不能把双方的情感经营好。因此，在与小娟在一起的时间里，小轩尽自己最大的努力，给小娟更多的爱和安全感。与此同时，小轩也更加渴望爱与关心。

但事实上，小轩在两人的感情中，总是扮演付出者。小轩也认为自己作为一个男人，做任何事情都应当主动一点，包容一点。所以不论小娟说错什么，做错什么，他都能迁就小娟，甚至向小娟道歉。小娟则从小备受父母的宠爱，在与小轩交往后，也非常乐于享受小轩给予的一切，却对小轩的爱很少给予应有的回应。

日子久了之后，小娟则对于小轩的爱和迁就认为是理所当然，这让小轩觉得无法忍受。小轩因此多次想要提出与小娟分手。

小轩内心的苦痛无处诉说，也不知道如何摆脱困境。他与我进行了情感连麦，希望我能够为他指点一二。任何人和任何事，别人都只能为其提供建议，做决定还是要自己去做。当时，小轩并没有听从我的建议果断放手。他觉得两个人走在一起是缘分，就这样分手，他内心有很多不甘。再加上他又担心影响小娟的情绪，会让小娟伤心。即便内心再痛苦，精神再受折磨，他还是一个人扛下了所有，而没有提出分手。

一次小轩被公司指派到外地出差，这次出差对于小轩日后的升职是绝佳机会。但小娟却不允许小轩去，为此还和小轩大吵一架。冷战几天后，小轩也考虑了很多，或许自己与小娟并不是能够一辈子走下去的同路人。他不想继续和小娟过这样的生活，不想继续任由小娟无理取闹，影响自己的人生。最终他狠下心来与小娟提出了分手。

当小轩再次与我联系时，在电话中，小轩的声音明显洪亮有力，我能够明显感受到，小轩分手后整个人身心得到了解脱。

长时间相处的两个人，带着负重的爱情前行，会让人喘不上气来，甚至会使人窒息。如果继续纠缠，双方都会感觉很累，也会因此备受折磨。所以，不论是主动分手还是被动分手，如果做不到果断，拖泥带水，拖得越久，被折磨得越多。

主动分手的人，既然发现对方不是适合自己的那个人，就要快刀斩乱麻，将自己的想法告诉对方。许多人在感情中不懂得如何快速止损，他们认为如果能够投入更多的时间和精力，爱情就会有好的结果。其实，绝大多数的爱情是充满变数的，是不可知的。如果认为两个人相处的过程中，有许多地方存在较大的分歧，尤其是在三观和生活目标上存在很大的冲突，那么两个人在爱情路上，一定不会有圆满的结果。与其继续空耗下去，无休止地相互折磨，不如果断分开。

被动分手的人，既然对方已经做了决定，你再做无谓的挣扎，也都不会有所挽回。与其低三下四地求挽回，不如让自己在对方心里多一些体面，直接放弃就好。

在感情世界里，没有所谓的谁对谁错，但感情如果走到了末路，最好的选择就是潇洒放手。谁也不留恋，谁也别回头。

Chapter 7

第**7**章
婚姻那座殿堂

66

　　婚姻是神圣的，是两个人恋情的果实。然而，婚姻也是对两个恋人的大考。面对婚姻，不同的人有不同的考量。但无论是何种考量，我们都应不失偏颇，用理性的，符合婚姻建设的眼光去看待。如果婚姻走偏了，那我们婚后的日子也会走偏。

结婚就得门当户对吗 ▷

在古代，人们结婚喜欢讲究门当户对。之所以这么讲究，是因为古人认为，只有两个阶层相同、经济实力对等的人结婚才能避免日后诸多矛盾的产生，才会有幸福美满的婚姻。

如今，对于很多比较传统的父母来讲，他们对儿女的婚姻，同样注重门当户对。父母认为儿女结婚门当户对，婚姻才能走得更远，日子才能少了许多烦恼。

父母强调的门当户对，我总结了一下，通常包括以下几方面：

1.家庭地位不匹配

父母认为，如果双方处于不对等的阶层，在沟通的时候会有很多隔阂，婚姻必将难以经营。阶层方面出现断层，生活中两人之间的矛盾必将产生。

2.经济条件悬殊

在父母眼中，经济条件是影响两人日后生活的基础。没有一定的经济条件做支撑，或者经济条件悬殊，两个人的爱情难以很好地维持。

3.认知水平不对等

在父母看来，学识相同或相近，两人在一起才有共同语言。否则，学历高低悬殊，认知相差很多，婚后双方沟通会出现障碍，在处理事物的方式和方法上也会出现问题和冲突。

4.成长环境不对等

父母总是认为，成长环境对一个人的影响不可忽视。良好的成长环境，能够培养出一个优秀的人，而恶劣的成长环境，可能会把一个人带偏。成长环境不对等的两个人在一起，势必会产生更多的冲突。

然而当代的年轻人，却对此嗤之以鼻。他们认为，遇到了所谓的爱情，即便没有嫁妆，没有彩礼或者门不当户不对，只要彼此相爱，裸婚也丝毫不在意。在他们的认知世界里，你说的我都爱听，我说的你都懂得，这样三观一致，其他的阶层高低与否，经济实力雄厚与否都是次要的，都是可以通过后天努力改变的。所以，即便父母极力反对，给他们安排了更为"美满的姻缘"，但他们依然为了爱情轰轰烈烈地在一起。他们想要用自己的实际行动证明：即便不是门当户对，他们也依然可以将自己的婚姻经营得很好。

在门当户对的问题面前，很多人都会遇到瓶颈。我也处理过很多这样的问题：

小陈毕业于西安一所知名大学，她的成长之路可谓一帆风顺。父亲是西安某大学的教授，母亲是一位精通舞蹈的艺术家，父母的感情十分融洽。小陈从小享受着优渥的家庭条件，再加上父母的培养，成为了一名多才多艺又美丽聪慧的姑娘。

硕士毕业那年，小陈去一家公司实习，认识了帅气高大的许达。在相处的过程中，小陈被许达的幽默和智慧所吸引。许达是内蒙古人，大专学历。他的父母是自由职业人士，父亲常年开出租车，母亲在一家市场中做小本生意。

在实习结束之后，小陈本想表达自己对许达的爱慕，没想到许达却先开了口向小陈表白。于是，两人成了情侣。相恋一年，小陈的父母得知情况后，对小陈的恋情不但不看好，还极力反对，认为他们早已为小陈设计好了未来的道路：想让小陈去一家国企上班，找一个同样优秀的男孩恋爱结婚。

然而，父母的反对力度越大，小陈就越坚定自己坚守爱情的决心，她相信自己没有看错人。于是，她向许达表达了自己坚定的决心，而许达也明确告诉小陈自己对小陈爱得有多真切，但许达迫于小陈家人的反对，不知道接下来如何抉择。后来，许达找到了我，希望我能给他些建议。我问许达是否真的很爱小陈，许达的回答非常坚定。于是，我告诉许达，既然是真爱，就不要被一些与爱情无关的事情而牵绊。要想让两人的爱情天长地久，就是要拼尽全力打破一切阻碍都要走在一起。许达听了我的一席话，表示愿意用自己的实际行动改变现状，与小陈共同成长。

此后，小陈进入国企，做了一名管理者。许达在事业上更加努力，业余时间还不断学习，给自己充电。两年后，许达凭借自己的智慧和过人的能力，从小职员一路升职到华北地区总经理，同时他也通过学习，成功考上了小陈所在学校的在职研究生。此外，小陈和许达通过自己的努力，在西安较好的地段买了将近200平方米的大房子。这些都是小陈父母所始料未及的。

后来，小陈和许达终于修成正果，在结婚前，他们特意打电话过来，告诉我他们的现状。小陈的父母看到小陈两年来的成长，以及小陈和许达二人共同创造的幸福生活，最终妥协为两人送上了祝福。

虽然小陈与许达在家庭条件、公司职位、文化背景等方面都或多或少存在差异。但他们将对对方的爱，化作努力奋斗的动力，尽一切努力让双方的品位学识、工作职位、经济条件变得旗鼓相当，这也是他们能够一如既往地融洽生活的重要原因。

所以，如果你已经卷入了一场门不当户不对的情感旋涡当中，不要一味地贪恋爱情中的那份激情。在享受激情的同时，我认为更多的是要用理智的头脑去思考，用"门当户对"这把尺子去衡量你面前这个阶层、地位、学识与自己不对等的人，是否与你有共同的兴趣爱好，相同的目标和方向？是否具备一种与你共同奋进的思想和能力？即便你们当下存在诸多不对等的条件，但未来你们可以通过创建的共同目标，在思维和生活习惯上达到彼此的相似或相同。这样才能达到家庭内部的和谐，达到生活方式的对等和谐。

婚姻是需要祝福和扶持的 ▷

人们常说，没有父母和亲朋好友祝福的婚姻不会长久和幸福。幸福的婚姻不仅仅指得到父母和亲朋好友的认同，也不是简单的一句"我爱你"，还应当包括夫妻双方共同的扶持。

为什么婚礼上进行宣誓要问："女士/先生，你是否愿意嫁给/娶这位先生/女士为你的合法丈夫/妻子？是否愿意以后谨遵结婚誓词，无论贫穷或是富有、疾病或是健康、美貌或是失色、顺利或是失意，都愿意爱她/他、尊敬她/他、守护她/他，并在一生之中，对她/他永远衷心不变？"

不要以为在婚礼上的誓词是一种流程和仪式。在每个人回答"愿意"，并交换戒指的时候，就意味着这是你对对方的誓言和承诺，意味着你要打算一辈子和对方相互扶持，相守到老。

没有父母和亲朋好友祝福的婚姻是惨淡的，没有相互扶持的婚姻是不幸的。

曼曼如自己所愿，与自己爱的人结婚了。但婚礼上却遭受很多人的唾骂。甚至她的父母也都告诫她："他今天能够为了你不要原来的结发妻子，有一天，也会把你像前妻一样扔出家门。"然而，曼曼却不听劝阻，毅然嫁给了那个男人。

曼曼最初认识这个男人的时候，是对方先追求的自己，当时她并不知道对方有妻子和孩子。她在不经意间发现，对方和一个未创建姓名的陌生电话号码通话密切。经过一哭二闹三上吊之后，对方才说出实情，原来自己所爱的这个人是已婚男人。

但曼曼并不认为自己是在做破坏别人家庭的事情，她反而觉得，爱情高于一切，而且她认为自己和这个男人是真爱。每次她跟这个男人说自己被骗的时候，对方就用花言巧语为自己辩解："我并不爱那个黄脸婆，当初是我父母逼着结婚。我爱的是你，即便没有你，我也是要打算和她离婚的。你才是我的真爱。"听了这席话后，曼曼更加坚定自己的爱情。

后来，曼曼怀揣着真爱，等来了那个男人离婚的消息，并收获了那个男人的求婚。婚礼当天，前来参加婚礼的人屈指可数。在结婚前一天，她的闺蜜就劝过她，今天她的笑，可能是明天的泪，但曼曼并没有听到心里。

婚后，曼曼的笑容一天比一天少，整个人也无精打采，颓废了很多。婚后曼曼担负起了柴米油盐的生活，而之前那个嘴里满是情话，说要与自己一起承担一切的男人，变成了让自己照顾父母，照顾家庭的说教者。而且曼曼还从别人那里听到丈夫出轨的传闻。再加上小姑子整日对自己冷言冷语，指责自己人品差，使得曼曼在家里完全抬不起头。

曼曼的确爱着对方，面对婚后的一切，她不知道自己是否需要继续坚持这样的婚姻，于是在无意间刷快手的时候发现了我，希望我能够给她些建议和帮助。我给出的建议是让曼曼走出这段本不属于自己的爱情。在我的开导下，曼曼逐渐意识到自己在知道对方已有家室，依然不愿意放弃的那一刻起，就已经注定走上了错误的人生轨道。

后来，曼曼终于下定决心离婚了。

感情这种东西，爱的时候天崩地裂，不爱的时候天塌地陷。爱到巅峰时冲动结婚，可是要维持这种巅峰时刻，比登天还难。**俗话说："当局者迷旁**

观者清。"如果你的婚姻不被大家祝福，一定是有理由的。不被父母祝福，是因为他们不想让你日后过得不幸福；不被朋友祝福，是因为他们看不惯你的所作所为；不被公婆祝福，是因为他们压根就看不上你这个儿媳妇。而你不但不愿意接受事实，甚至还会固执到宁可负天下人也要嫁给他。

很多时候，这些不被人看好，不受人祝福的婚姻往往是不幸的。爱情是两个人的事情，婚姻是父母、公婆（岳丈、岳母）、夫妻三个家庭的事情，核心在于夫妻。如果夫妻两人能够相互扶持，共同进步，再不被看好的婚姻都能被经营得无可挑剔。如果夫妻两人在生活中分道扬镳，即便婚前大家再看好和羡慕的婚姻，也会在婚后土崩瓦解。

其实，婚姻幸福与否，是否被祝福，只是一个判断依据。而真正的考验在于婚后的日常生活。幸福的婚姻并不是"不离不弃，白首到老"的口号这么简单，重要的是婚后相濡以沫，彼此扶持。

我们都是凡夫俗子，不需要海枯石烂的誓言，只需要彼此交心，彼此爱慕，真诚以待。爱的最深层次是什么？就是当你在握着对方的手时，就好像握着自己手的一样，这就是两个人相融的时候。相恋的两个人彼此留恋，相爱的两个人彼此依恋。这种依恋不是简单地依靠和相恋，更多的是相知相扶，这才是婚姻恒久远的根本。

婚姻应该是成熟的选择 ▷

随着慢慢地长大，每个人都会披上一件成熟的外衣。进入婚恋阶段，这种成熟让我们不再盲目。在精挑细选，思量周全之后，才确定自己究竟适合什么样的爱情和婚姻。

婚姻是每个人期待，却又不敢轻易触碰，害怕被辜负的东西。因为婚姻不是一张白纸，而是在白纸上写满了承诺、责任和陪伴。如果将婚姻当作儿戏，不仅会使婚姻中双方都备受煎熬，而且还会因为自己的不成熟选择而付出相应的代价。

在婚姻选择的问题上，我还遇到过这样一件事情：

方先生因为与妻子性格不合而离婚，离婚后他带着三岁的儿子生活。在驾校教学员开车的时候，他认识了由女士。由女士与方先生相差近十岁，之前虽然老家亲戚介绍过几个对象，谈过几次恋爱，但最终因为各种原因而没有走在一起。

在由女士看来，通常那些驾校教练都冷面、严苛、脾气大、爱骂人。然而，在认识方先生之后，她感觉方先生为人和蔼可亲，脾气与自己相投。于是，由女士对方先生产生了好感。

考完驾照后，两人没有因为师徒关系的终止而就此断了联系，而是时常出来聚餐聊天，自然而然地也就走在了一起。三个月后，由女士便要和这个与自己很有眼缘的人结婚。由女士的亲戚都非常反对，但由女士就认准了方先生，即便方先生结过婚，有孩子，也执意要和他在一起。

每一个女生结婚时都希望自己是最漂亮的新娘，由女士希望自己能够穿上婚纱，与方先生举办一个像样的婚礼。但方先生认为自己是二婚，太过高调会让人笑话，就坚决不办婚礼。为了爱情，由女士最后还是同意了方先生的想法，没举办婚礼，领了结婚证就算与方先生结婚了。

婚后，由女士向往的甜蜜生活很快就幻灭了。方先生每天很早就出门，由女士除了自己的工作，家里所有的事情都是由女士一人操持：照顾孩子和老人，接送孩子上下学，做家务。除此之外家里的大大小小的对外事务，都是由女士一个人做。而方先生则像甩手掌柜一样，从不分担，而且有任何事情，都是将由女士推在前面，而自己则躲在后面。

一次，全家人为庆祝孩子生日而外出吃饭。服务员走路打滑，将一碗热汤洒了出去，倒在了孩子身上。孩子被烫得哇哇大哭，全家人围过来看孩子伤势。方先生则推着由女士，让由女士和店主理论，自己却在那里一声不吭。

面对这样的男人，由女士觉得自己嫁得很不值，但又回想起之前与方先生相恋时的情景，对方先生抱有一丝希望。在不知如何抉择的时候，由女士找到了我，希望我能帮她做个正确的选择。按理说，夫妻之间的情感问题是劝和不劝分，但面对由女士的问题，我劝她如果能继续忍受或者她的丈夫能改掉这些毛病，两人就继续生活，如果不能，不如趁早放手。

后来，由女士因为还爱着方先生，对方先生存在一些美好的幻想，还是选择了继续生活下去。但日子久了，由女士对方先生种种行为的不满，最终堆积成了怨气和怒火，最后对方先生是忍无可忍才决定离婚。

结婚本来是一件幸福的事情，但我们从由女士结婚到婚后生活并没看到她有过快乐。然而，这正是她没有经过谨慎思考就草率结婚的结果，她也为自己的草率和不成熟付出了代价。

很多人因为前期恋情的挫败，更加渴望爱情。尤其是女生担心自己成为大龄"剩女"而没有优势，于是便开始恨嫁。如果有一个人比之前的恋爱对象温柔体贴，更会说甜言蜜语，就笃定自己与这个人要相守相伴一生。她们并不会全方位考虑对方是否真的适合自己，也没有考虑自己究竟想要的是什么，与对方性格、人生观、价值观等的契合度究竟有多高。于是，很多年轻人像由女士一样爱得痴狂，因为一时冲动便选择结婚。

婚姻并不是恋爱，恋爱中更多的是甜蜜幸福，卿卿我我，而婚姻则要更多地回归现实，锅碗瓢盆、油盐酱醋才是最真实的婚后生活。很多闪婚的人，往往是婚前对现实生活患有乌托邦式的幻想。所以，草率结婚后发现，婚前浪漫，婚后烦恼，两者形成鲜明的对比。最终美好幻想破灭，走进了婚姻的死胡同，内心被婚后生活折磨得痛苦不已。

如果没有经过深思熟虑，就想当然地选择婚姻，婚后往往遭罪，难以收获幸福。所以，婚姻应该是成熟的选择。

任何时候，都不要着急将自己嫁出去，愿意娶你的人一定会一直等你。在风华正茂的年纪，你需要做的是用成熟、理智的头脑去思考，去发现，你究竟应当把自己的青春交给什么样的人才是最值得的。不要等自己快刀斩乱麻地结婚后，再独自空悲切。

不要随意破坏婚姻的基石 ▷

相信很多人内心中都有这样一个问题：维持婚姻的基石是什么？有的人认为是爱情，是物质条件；有的人认为是责任，是担当；有的人认为是关爱，是呵护……诚然，爱情、物质、责任、担当、关爱、呵护在婚姻中是不可或缺的，但我认为，婚姻的基石，最重要的是"真""诚""实"。

绝大多数的婚姻生活始于爱情，到最后，有的和睦如初，有的却分道扬镳。原因就在于，在婚姻生活中，有一方或双方随意挥霍了婚姻牢不可摧的基石——真，即真实；诚，即忠诚；实，即诚实。一旦缺失了这三个方面，则失去了婚姻可以维系的底线。

如果失去真实，婚姻中的双方就在彼此面前变得虚情假意，大家彼此靠揣测对方的心意过日子，心与心之间的距离越来越遥远，这样的婚姻也就失去了存在的意义；如果失去忠诚，一方背叛或双方互相背叛，身在曹营心在汉，这样的婚姻犹如枯槁的身躯，没有了灵魂；如果失去了诚实，彼此互相欺骗，毫无信任可言，只要轻轻一点，窗户纸一破，就能看到对方谎言背后欺骗的嘴脸，这样的婚姻摇摇欲坠，岌岌可危。

前不久，一位粉丝打来电话，向我诉说她的烦恼：

> 杨女士和廖先生原本是农村一对平凡小夫妻，他们结婚后孕育了一对可爱的龙凤胎。虽然生活不算富裕，但一家四口的生活其乐融融，和

和美美。后来，孩子越来越大，生活开销也越来越多，再加上孩子的上学问题，两人决定搬家去县城。毕竟县城能找到更好的工作，有更好的学校能为孩子提供更优质的教育。

搬家之后，杨女士觉得廖先生发生了很大的变化。起初廖先生很顾家，每天下班很早就回家，帮自己做家务，照顾两个孩子。如今，每天很晚才回家，有时候满身酒气，有时候身上带着一股隐隐的香水气息。回到家什么也不说，什么也不做，倒头就睡。第二天，一大早，趁着廖先生头脑清醒，杨女士问廖先生，为什么回家晚？跟谁喝酒去了？为什么身上有香水味？廖先生却含糊其词，简单找个理由随便搪塞，如因为部门这个月效益好，所以昨晚经理请部门同事喝酒；经理带廖先生出去谈生意，对方是一位女士，所以身上沾了香水味。起初，杨女士认为自己了解廖先生的为人，相信了他说的话。廖先生看到杨女士对自己有所猜忌，便偶尔买一些小礼物送给杨女士，哄杨女士开心。杨女士觉得，如果廖先生对自己有所隐瞒，有所不忠，一定不会对自己这么好，还给自己买礼物。

直到有一天，廖先生酒后回来去洗澡时，手机响了。廖女士一看手机上面显示的是"客户王娟"，本来出于好心，想告知对方廖先生有事，一会儿回电话过去。不曾想，一接电话，还没开口，那头传来了一个娇滴滴的声音："亲爱的，到家了吗？有没有想我？"听到这些，杨女士脑子里嗡嗡作响，慌乱中将电话挂了。后来经过打听才知道，原来廖先生喜欢上了单位的女同事。

杨女士怎么也没想到，自己最信任的枕边人，竟然辜负了自己的一片真心和真情。杨女士经朋友介绍，找到了我，向我寻求帮助。因为她还是爱廖先生的，而且不愿意给孩子的心灵带来创伤，希望能与廖先生和好。但廖先生知道自己对妻子的不忠已经暴露，便更加肆无忌惮，不再藏着掖着，大胆提出要和杨女士离婚。

我认为，事已至此，显然廖先生已不愿改过自新，对杨女士已经不

第7章

婚姻那座殿堂

再有真情和真爱，双方之间能够维系婚姻的基石也就此坍塌。所以，我劝杨女士与其让自己每天沉浸在情感伤痛中，不如趁早走出来寻找新生活。最终二人的婚姻以离婚告终。

婚姻关系是复杂的，要经得起考验，还要懂得彼此之间如何经营。想要让婚姻关系常存，并能得以良好延续，就需要向许多成功的婚姻经营者一样不断努力。最长久的幸福婚姻，以及处于美满婚姻中的夫妻，他们之所以会一直保持这种良好的婚姻状态，是因为他们总会花更多的时间去弄清楚，是什么让他们联结在一起，又是什么能够让彼此之间的关系变得日久情深，牢不可摧。

每个人都想要一段幸福的婚姻，很多人都一直在寻找幸福婚姻的秘密。幸福的婚姻，爱情是基础，但不仅仅需要爱，还需要真实、忠诚和诚实。

相爱容易，相处难，相守更是难上加难。很多夫妻越走越远，甚至到了"兵戎相见"的地步，关键就在于双方之间婚姻的基石被一方或双方挥霍殆尽。这也是双方无法走下去的原因。

在婚姻中，夫妻双方彼此独立，又互成一体。彼此独立的时候，各司其职，肩负应有的责任；互为一体的时候，你中有我，我中有你，相互坦诚，相互忠诚。这样的婚姻，才是最好的婚姻。

婚姻里要学会不断成长 ▷

每一对恋人在走向婚姻殿堂的那一刻，都是奔着白头偕老去的，但为何有的夫妻走着走着就散了呢？

刚结婚的时候，婚姻生活对于夫妻来讲还是新鲜的，他们总会幻想着，另一半是自己的亲密伴侣、知心爱人、人生导师、生活助理，甚至希望对方能扮演自己父母的角色。总之，总是不愿长大，希望对方能够宠着自己，满足自己生活中所有的需求和愿望。

有人为自己分担生活压力，有人帮自己解决难题，自然是好事。但任何事情都有两面性。事事都向对方寻求帮助，或干脆甩给对方去做，往往会滋生自己的懒惰情绪。人一旦懒惰起来，就磨灭了自己的上进心，最终成为一个堕落者。

婚姻讲究的是平等和平衡。如果一方一直在不断进步，而另一方一直在堕落，那么这种平等和平衡就会被打破。情感危机也会就此产生。

我的一个粉丝爱军，他与小倩是熟人介绍，在相亲的时候认识的。爱军那时候已经将近30岁了，还没有对象，在他们老家那边已经是妥妥的大龄青年。家里人着急，就托人安排了相亲。两人在接触后，彼此感觉对方都挺好，于是相处半年后，就商量结婚。

爱军和小倩新婚不久，两人关系很融洽，总是出双入对。但结婚久了之后，爱军觉得小倩一点也不成熟。

有一次，小倩工作的厂子效益不好要裁员。与小倩关系好的三个闺蜜被裁掉了，当天晚上，她们四个一起聚餐，姑娘们愤愤不平，就喝了点啤酒，喝醉之后，就开始抱怨，并怂恿小倩也辞职。没想到，第二天，小倩果然去厂子辞职。爱军对此十分生气，而小倩却讲起了闺蜜义气。殊不知，如果小倩不辞职，厂里的领导原本是想让她升职做管理人员的，而且工资翻倍。

此后，将近一年的时间，小倩不是在家看肥皂剧，就是专注网上购物，也不出去找工作，自己没钱花，就拿着爱军的信用卡刷。家里堆满了各种各样的商品，从客厅到阳台，几乎都没有落脚的地方。后来，爱军托关系给小倩安排了一份工作，工资待遇都挺不错。但小倩却认为这样的工作对于她来讲就是屈才，为此还和爱军大吵了一顿。

爱军对小倩这种不思进取的态度，无所事事的行为实在忍不下去了。但不知道该怎么办，毕竟他还是爱着小倩的。于是爱军找我求助。对于这种不思进取，还总是认为大把大把花丈夫的钱是理所应当，认为丈夫天生就是要来养妻子的人。我建议爱军好好劝小倩，看小倩是否会有改过之心。没想到的是，当爱军反复劝小倩改过时，小倩则十分干脆地说道："既然你养不起我就离婚，反正我比你小很多，有的是青春资本。而且你离婚还要分一半家产给我。"爱军对小倩失望透顶，因此果断离婚。就这样两人的婚姻就此结束了。

婚姻，本来就是两个人的事情。既然在一起，就需要彼此相互成长。如果把婚姻比作面包，一个不断将面包做大，另一个不断索取和蚕食，当做大的速度赶不上索取和蚕食的速度时，面包终将被蚕食殆尽；如果将婚姻比作一辆车，一个人拼命往前拉，而另一个则一味拖后腿，甚至往后拽，那么这样的婚姻，真的成为了坟墓。

爱军的第一段婚姻是不幸的，但庆幸的是，他及时从中跳了出来。于是，他的幸福又一次开花，有了幸福的第二段婚姻。之所以爱军的第二次婚姻是幸福的，是因为他对第一段婚姻的失败做了全方位审视。明白自己究竟想要和什么样的人过一辈子。

小江与爱军同在一家公司上班，他与小江在工作中经常交流和接触，慢慢地爱军发现小江虽然出身农村，但她敢闯、敢拼，任何事情都敢于尝试和挑战，是一个非常上进的女孩子。于是，爱军对小江产生了好感。而小江也恰好对爱军心生爱慕。两人在谈心时，互表心迹，一拍即合。半年后两人结婚。婚后爱军越发喜欢这个姑娘，因为她身上永远都散发着阳光、积极向上的气息。不但是爱军的生活伴侣，更是与爱军共同进步，共同成长的好友。结婚两年，爱军和小江有了爱的结晶，并双双职位升迁，还在市里买了一套大房子，两人的日子过得越来越好。

很多人的婚姻开始的方式大抵一致，当他们需要依靠，需要帮助，需要支持，需要陪伴的时候，就会选择寻找一个伴侣作为其生命中的"主要"支柱。

婚后，假如夫妻一方成长良好，而且十分独立，而另一半表现稍微不成熟，成熟的一方可以帮助不成熟的一方，然后再携手同心。这样的婚姻是可以继续维持的。但如果一方在婚姻里表现得极不成熟，永远长不大，永远不想长大，那么不仅会给对方造成困扰，拖累对方，等到实在拖不动的那一天，造成彼此感情破裂，也只是时间问题。毕竟，只有单方付出，单方成长的话，夫妻之间的感情是不会好到哪里去的。因此，最理想、最长久的婚姻，就是彼此在爱情中不断成长。

Chapter **8**

第**8**章
给相守一个理由

> 两个人的婚姻能不能持久，关键在于处于婚姻这座围城中的人怎么去相处，去爱。恋爱是一门艺术，婚姻又何尝不是。在婚姻里，不是单纯地我想怎样，我要怎样，我们必须去了解身边的另一个人，知道对方想怎样，对方要怎样，这才能给相守一个理由，获得幸福的力量。

男人想要的是什么 ▷

一提到"男人想要的是什么"这个问题时，相信很多人会认为"男人是用下半身思考的动物"。其实不然。有这样的想法，是因为你根本不了解男人。

在婚姻里，女人把丈夫对自己的爱看得比什么都重要。男人却以现实为重。在结婚前，男人总是满怀期待，希望找到适合自己的另一半组建一个安稳的"窝"。结婚后，男人想要的是和自己的妻子能够携手共创美好未来。而婚后生活是否能够美好，作为一个男人，在我看来取决于以下几个方面：

1.肯定和认可

每个人都希望自己被别人肯定和认可。婚后的男人更是如此。他们在面对自己的另一半时，更多的是希望对方表现出对他的崇拜，而这种崇拜的表现中隐含了妻子对自己的肯定和认可。因此，当你的丈夫觉得自己不行，嫌弃自己的时候，女人一定要给他一个肯定的拥抱，这会鼓舞他更加积极进取，努力奋斗。

2.安全感

婚后的女人总是认为自己没有安全感，其实男人也是如此。一个结婚后的男人，其实对家庭的渴望感十分强烈。为什么有的男人结婚后表现得比女人还要害怕离婚，就是因为他们在婚姻里缺少安全感。并不是他离不开女人，这个世界没有谁离开谁生活就无法继续的，关键在于他认为两个人能够在一起实属不易，突然离开，会让自己失落和不适应。男人在对待婚姻和对待事业上是相通的，他们总是想着让婚姻和事业能够稳定下来。完整的家庭是男人收获幸福感和安全感的来源。

3.信任与支持

在婚后，夫妻之间相处得久了，就会因为太过熟悉，而对对方身上的缺点越来越了解。于是，很多女人想要改造男人，让男人变成自己认为的更好的状态。于是，爱管事的女人，在自己男人做任何事情的时候，都会对丈夫指手画脚，甚至还会当头泼冷水。其实，男人想要的是女人对自己更多的支持。他们希望自己的女人能够永远站在自己的一边，永远对自己充满信心，这是他们越做越好的动力和源泉。如果女人不够相信和支持自己，对自己泼冷水，不信任自己的能力，他们就会对女人感到失望，进而拉大彼此之间的距离。

我的一位粉丝章先生，打电话过来向我诉说自己在婚姻生活中的烦恼：

章先生的妻子钟女士是一家化妆品公司的销售经理。章先生不愿意一直给别人打工，所以自己做起了小买卖。钟女士一直都是雷厉风行的性格，做任何事情都可以独当一面。她手下有将近一百名员工，平时在公司颇有指点江山的风范。也正是因此，钟女士回到家也摆出领导的架势。起初，章先生认为自己的妻子有工作能力，有当领导的派头。但时间长了，章先生便难以忍受妻子把自己当作干什么都干不好的下属。

章先生认为妻子对自己根本不信任。自己店内的一切事务，钟女士都会过来干涉，并且章先生的一切行事，钟女士都要指手画脚，一口否定。钟女士总是告诉章先生："这事你就听我的吧，我真的是为你好。"起初，章先生会站出来据理力争，但钟女士会用自己员工类似的案例来反驳。

终于有一天，章先生对钟女士忍无可忍。无论钟女士如何不赞成，章先生也都毫不理会，而是按照自己的想法和计划去实施。钟女士内心因此而感觉受挫，便与章先生理论起来。章先生吼道："为什么总是不相信我呢？既然不信任，以后就各走各的路，大家互不干涉。"钟女士感觉自己很尴尬，有一肚子话想要说，但章先生却不再愿意听。于是两个人经常因为这样的相处问题而冷战。事实上，没有钟女士的指导，章先生依旧通过自己的方法将自己的小店经营得越来越好。

章先生显然因为钟女士对自己的不信任而内心感到压抑。这也是章先生疏远钟女士的原因。同样作为一个男人，我觉得如果钟女士能够将自己和丈夫放在平等的位置，心平气和地坐下来谈心，相信情况会大不相同。

4.陪伴与照顾

夫妻二人相处久了，感情就会变得平淡，少了许多跌宕起伏。渐渐地，生活也会变得乏味。尤其是有了孩子之后，女人全身心装的都是自己的孩子，忽略了老公的存在和感受。

然而，每个男人，即便成婚，即便有了自己的孩子，即便需要扛起整个家庭的责任，内心中也住着一个长不大的小孩，他们也希望能够获得女人像母亲一样的呵护与关爱。即便平时表现得再坚强，再有担当，也有需要被照顾，被体贴的时候。所以，女人在忙碌之余，也需要拿出一点时间好好陪伴和照顾你的男人，这样男人内心会感觉很温暖。

其实，男人想要的并不多，就是一个能够肯定和认可自己，能给自己带来安全感，能信任和支持自己，能陪伴与照顾自己的妻子。

宽容和尊重是相守的精髓 ▷

没有结婚的人，向往进入婚姻的殿堂。结了婚的人，却有很多逃不过爱情的关卡。有的人在婚姻中成长，有的人在婚姻中沉沦。我们渴望爱，渴望被爱，渴望能与自己的丈夫或妻子相守到老，却总是苦于找不到能够相守一生的秘诀。

如果把婚姻比作一辆车，那么婚姻相守一生的过程，就是车向前行驶的过程。在这辆车上，男人是司机，女人是乘车人。一路上有美好的风景，也有难走的坑洼和泥泞。大多数成功走到终点的人，都具备两个优点：宽容和尊重。有了宽容和尊重，婚姻这辆车才能走得顺风、平稳。

有一天晚上，有一位刘女士跟我连麦，说她越来越不认识自己的丈夫谢先生了。在彼此相恋的时候，她的丈夫觉得自己就是他梦寐以求的爱人，对待她就像对待公主一般。只要自己有需求，谢先生总是能在第一时间帮自己解决。这使得她一度认为，谢先生就是她这一辈子遇到的暖心超人，也因此被感动，觉得自己找到了可以托付终身的好男人。于是，两人走进婚姻的殿堂也就水到渠成了。

结婚一年半后，两人生了一个可爱的孩子。谢先生为了谋取更好的薪水来养家，在朋友的推荐下，换了一家公司，无论职位还是工资都挺不错。任何一家公司，职位、薪水与工作量都是对等的。谢先生也不例外。自从进了新公司工作，谢先生总是需要加班，经常下班很晚才回家。因为双方的父母都在农村，而且自己住的房子都是租的，即便父母来了也住不下，索性夫妻两人决定自己带孩子。谢先生一天忙到晚，根本没时间顾家，所有照顾孩子的事情都落在刘女士一个人身上。生过孩子的人都知道，一个人照顾婴儿是多么的不易。

虽然丈夫偶尔回到家比较早，但根本不帮自己做家务，照看孩子，而是直接瘫在沙发上玩起了游戏。刘女士看到丈夫这种状态，便大声指责："都将近40的人了，天天玩游戏，谁家男人回家不做家务，不带孩子？"丈夫说："每天工作太累，玩会儿。""工作太累，玩儿游戏不累？谁不累？我带孩子不累吗？"刘女士反问道。丈夫此时没怎么在意。面对丈夫这种爱答不理的态度，刘女士甚至一度怀疑自己的丈夫有外遇了，还因此像侦探一样，偷偷看过丈夫的所有通信聊天记录，并私自删除通讯录里自己认为可疑的人。

一次，刘女士一边哄孩子一边给孩子做辅食，忙得不可开交。看到瘫在那里无所事事的丈夫，刘女士一肚子火气，忍无可忍，直接从丈夫手中拿过手机摔在了地上，摔得机身分离，开不了机。丈夫捡起了手机，说了一句"过分，这日子没法过了"，便径直出门离开了。此后一连好几天，刘女士都联系不上丈夫。所以刘女士才向我求助。

后来，经过多次尝试联系刘女士的丈夫，电话终于拨通了。她的丈夫表示，自己在处理夫妻关系上也存在一定的问题，回家可以，但希望妻子能理解、包容和尊重自己。

刘女士的丈夫在下班后没有给操持家务的妻子一定的帮助，而是瘫在那里玩游戏，这固然有错，但刘女士对辛苦工作的丈夫大声指责，是对丈夫的不理解；对丈夫因为劳累而没有帮忙就大动肝火，是对丈夫的不包容；偷偷删除丈夫的通讯录，将丈夫的手机直接摔坏，是对丈夫的不尊重。这也是丈夫一气之下离家出走的原因。

爱情是需要用心经营的，而用心经营的基础，就是要相互理解、相互包容、彼此尊重。如果双方都不为对方着想，不试着去包容和尊重对方，那么即使再深刻的爱，也会渐渐被现实生活所抹杀。

很多时候，我们总是按照自己的标准来衡量对方的行为举止是否符合自己的要求，衡量对方的对错，却忽视了用包容和尊重去爱对方。时时处处以自我为中心，不考虑别人感受，不能包容和尊重对方的爱是自私的。

婚姻中，有一种爱情叫相濡以沫，有一种感动叫包容与尊重。只有相濡以沫，没有包容与尊重的婚姻，就像是只能顺水而行，却不能逆流而上的小舟，缺乏有效的驱动力。这样的婚姻，难以走到幸福的彼岸。包容是善待婚姻的最好方法，尊重是保持家庭和谐、夫妻恩爱的不竭动力。有了包容和尊重的婚姻，一定如童话般妙趣横生，美满幸福。

学会给对方一定的自由 ▷

有人认为，婚姻就是照妖镜，不管婚前有多么美好，婚后很多东西就暴露出来了。

任何一个女人，无论婚前还是婚后，都希望自己能够得到爱人的倾心和关注，希望自己任何时候都是对方眼中的唯一。这也就使得很多女人会不顾一切地想要把男人拴在自己身边或在自己的视野范围之内。然而她们却并不知道，这样做是婚姻的大忌。当把彼此之间的空间和时间压缩到丝毫不剩时，婚姻危机也会随之而来。

每个人生而自由，没有人愿意活在枷锁当中。一旦有人被禁锢，一定会想方设法让自己重获自由。婚姻中，绝大多数人认为，重获自由的最简单、最有效的方法就是离婚。所以，女人不要认为，一段美好、长久的婚姻，就是两个人一定要黏在一起。其实，婚姻就像是放风筝，要收放自如，松紧适度。如果你将线扯得太近，线就容易断。断线的风筝就会自由飞向天空，永远远离你。此时，你的婚姻也就随之消亡。因此，在婚姻中，一定要学会给对方一定的自由。

前一段时间，有位粉丝向我咨询，如何能更好地掌控自己的丈夫。

她与丈夫结婚后不到一年便生了孩子。自从有了孩子之后，她整日忙于在家照顾孩子，所以感觉与丈夫之间的关系有所疏远了。孩子上幼儿园后，她也重新开始工作，也有了不少自由支配的时间。于是，她想要和丈夫更亲密些，所以她总是想尽一切办法增加和丈夫的独处时间。她要求丈夫下班后必须回家，回家后不许出门，要多陪自己，如看看电视、周末陪自己逛街等。

但丈夫对这些根本不感兴趣。只要一有时间，丈夫就约上三五好友去家附近的河边钓鱼。她为此十分苦恼，甚至感觉丈夫已经对自己厌烦了，不再喜欢像婚前一样跟她黏在一起。

我认为，这对夫妻之间存在的问题在于：妻子想要时刻将丈夫和自己拴在一起，而丈夫则更喜欢有属于自己的私人空间。虽然说，这就是一个小女人想要丈夫陪伴而已。但要知道，夫妻本身每天生活在一起，本来就很难找到彼此自由和独立的空间。如果此时一方还要干涉另一方的自由，产生强烈的控制欲望，不允许对方有自己的时间和空间来享受爱好和乐趣，那么这样的婚姻就太过压抑了。

相信很多夫妻都有这样的体会，当自己一味地要对方按照自己的想法和意愿去做事情的时候，内心是十分享受的。但时间久了，这种左右对方的行为太过频繁之后，就会使得两人之间的关系变得十分紧张，甚至会出现情感危机。因为，这种做法，会使得一方因掌控了别人而感到内心满足，而另一方却感觉被束缚，失去了自由，失去了自我。

心理学认为：人只有有了自己的独立空间，才能放松自己的心灵，对两个人婚姻关系的进一步发展才会大有裨益。婚姻并不是将两个原本独立的人捆绑在一起，给彼此一点自由和空间，才是对婚姻最好的经营。

我认为一个非常明智的女人，她越是把丈夫放出去，越是给丈夫更多的自由，丈夫就越觉得妻子如此明事理，不应该给妻子徒增麻烦和担心，不应该对妻子有愧，就越是想着要早点回家。相反，很多女人为人妻后，想与丈夫多待在一起，限制丈夫外出见朋友，甚至还经常用审问的语气追问朋友是男性还是女性。他们似乎把自己的伴侣当作自己的私人物品，名义上标榜这是爱对方，却处处限制对方的自由。这哪里是爱，简直就是对自由的剥夺。

　　婚姻的幸福指数掌握在你自己手中，如果你一味地剥夺对方的自由和空间，只会让两个人距离越来越远。如果不想让自己的婚姻出现裂缝，那么就要尝试学会给对方一定的自由。千万不要认为有婚姻给你做保障，你就可以为所欲为，这样对夫妻双方都是一种伤害。明白这些道理，对经营婚姻来说是大有益处的。

学会体会彼此的苦与乐 ▷

相恋使两人走在一起，相爱使两个人组成一个小家庭。但婚姻并不是恋爱，不是一场处处充满惊喜的童话，婚后生活美好或乏味，都将一一呈现在彼此面前。苦与乐都要双方携手共同体会和品尝。

生活本身就是柴米油盐酱醋茶，既朴实又琐碎；充满了苦与累，悲与喜。没有谁的婚后生活能够一路通畅，没有烦恼。工作、家庭、生活，所有的事情一涌而来，比起单身的日子要复杂和烦琐很多。然而，婚姻就是让彼此能够互帮互助，共同成长。因此，不管生活中遇到苦还是乐，都要学会彼此分享，学会彼此体会。

有一个粉丝叫涂锐，他经常看我在快手上做直播，有时候也会发私信和我聊天：

涂锐与妻子金女士结婚多年，两人一直举案齐眉，相亲相爱，堪称模范夫妻。那年，涂锐接到上级的指派，被调到南方边远地区支教。涂锐本想和妻子商量下再做决定，没想到，一向通情达理、善解人意的妻子果断同意了。此后，两人分居两地，一年只有春节的时候，涂锐才能回家与妻子和家人团聚一次。

平日里，妻子一人操持家务，照顾孩子和老人。以前，这些都是夫妻二人共同做的事情。自从涂锐支教之后，所有的家庭重担都落在了金女士一人身上。有时候，当一堆事情堆集起来需要处理的时候，金女士也会感觉很无助，但金女士并没有因此而抱怨。因为她知道丈夫在外，无论是生活还是工作，比自己更加不易。每当她想到这些的时候，也就觉得没什么好抱怨的。而涂锐身处他乡，记挂着家人，更惦记着妻子。他认为自己远在他乡，而妻子却扛下了家里的一切，自己却什么忙也都帮不上。所以，每次跟妻子通话的时候，涂锐和妻子都表示能够体会到对方的辛苦和不易。这样，涂锐在外工作三年，妻子从来都没有和涂锐闹过任何矛盾，两人之间的感情依然像之前一样深厚。

婚姻中，夫妻各自扮演了不同的角色。绝大多数家庭是男主外，女主内。但女人往往为母则刚，有了孩子之后，除了在外工作，还需要在家照顾家人的生活起居，打理一切家务。有时候，她们会因为忙得晕头转向而哭泣，因为哭泣是她们发泄苦闷的一种方式。如果丈夫不能体会妻子的付出与不易，会让妻子感到心寒。

同样，丈夫肩负着保护家人，承担主要经济来源的责任，他们为了给家人更好的生活，在工作中发奋努力、四处奔波，又要在工作中与各方周旋，不断提升自身的业务能力。也许世俗都认为：男人就应该更坚强、更自立、更努力。因此，人们一直将男人视为坚强的化身。他们即便再苦、再累，也不会在女人面前轻易表现出来。其实，男人也是很脆弱的，只是他们不会主动地哭，以此来宣泄。此时，需要妻子考虑到丈夫所承受的各方面的压力，从而给丈夫更多的关怀和鼓励。

生活本不易，婚姻生活中的夫妻，没有谁对谁错，但重要的是能够换位思考。不换位思考，永远不知道对方的难处和苦处，自然就会产生很多自以为是，造成很多偏见和误解。

我的另外一个粉丝，由于和妻子之间总是不能换位思考，总是因为一些生活中的琐事而吵架，他们总是在对方面前抱怨自己有多忙有多累，而对方却只是站在自己的立场上思考，认为对方不理解自己的难处。后来他们的婚姻半途终止。

但让人惊奇的是，那天，这位粉丝告诉我在他们离婚不到一年的时候，又复婚了。我打趣地问这位粉丝："怎么把婚姻当过家家玩呢？前头跟冤家似的离婚，后面就手挽手复婚，倒像是两个新婚不久的小夫妻。"粉丝的回答很简单："分开后，我们才知道彼此在自己生命中的重要性。"

原来，离婚三个月后，这位粉丝已经忍不住开始怀念妻子做的一日三餐，怀念永远飘着只有妻子才能洗出来的特有香味的床单，怀念妻子在耳边不住的唠叨。以前在他眼里一切厌烦的事物，都变得那么美好。这一切让这位粉丝觉得妻子又要在外面工作，还要回家把家里打理得井井有条，太不容易了。所以，他找妻子去复婚。没想到，他的妻子也在那段日子里，感受到了他的辛苦。正是因为两人能够换位思考，所以才知道对方的不易。当所有心结都打开时，两人自然而然地和好如初了。

婚姻就是为能过上更加美好的生活，两个人一起在风雨中努力。但婚姻中，也是需要相互体谅的。为了给家庭带来更好的生活，彼此都承受了巨大的生活压力，付出了更多的努力。如果能够相互体谅，就能体会到对方吃的苦并不比自己小。

幸福的婚姻，并不只是夫妻双方共同分享和体会对方的快乐，更多的是要懂得体谅对方的不易，感受到对方心里所想。这是提高婚姻幸福感的夫妻双方必备的一种能力。

沟通永远比抱怨更重要 ▷

　　夫妻之间关系是否亲密，直接决定了婚姻的幸福感。而沟通则是提升夫妻亲密度的最好工具。

　　生活中，许多夫妻经常有随便批评对方的习惯，对对方吹毛求疵，以改变对方的生活态度和行为。这种不和谐的生活状态，是难以培养出夫妻之间的亲密关系的。

　　那天，我正和朋友在外面，有一位自称丽姐的粉丝打来电话，向我诉苦："喜哈哈啊，我的婚姻可该怎么办呢？别人家的老公下班后对老婆嘘寒问暖，小两口加上孩子，走在哪里，哪里都甜蜜爆棚。我怎么就摊上了这么个老公？"

　　这位丽姐总是羡慕别人的朋友圈晒老公带娃、老公做饭、老公请看电影、老公请吃烛光晚餐……而回头看看自己的老公，却是天壤之别。

　　她总是抱怨自己的老公："每天一下班就躺床上玩手机，要不就是蒙头大睡。为此我经常数落他，但无济于事。想想以前他不是这样的人，即便我使性子，他也会哄我开心。可是自从有了孩子之后，他听我说一句话都觉得烦。我问他是不是有外遇了，他说他最看不起出轨的人。那天我数落他，语气重了，他便直接摔门，扬言要去宾馆住。我怒不可遏，把孩子丢给了他，放下狠话，要走一起走。他留下'离婚'两个字，带着孩子扬长而去。当时家里瞬间变得空荡荡的。"

我非常能够体会丽姐当时的心情，既愤怒又无助。但与此同时，我更能感受到，丽姐与丈夫之间之所以造成这样的结果，在于两人之间缺少必要的沟通。如果丽姐能够以平和的心态坐下来与丈夫好好沟通，那么丈夫自然也愿意坐下来与其交流。而丽姐却用数落和抱怨的方式对丈夫恶语相向，对丈夫不做回应的行为，以为丈夫有外遇或者对自己不感兴趣和厌烦。丈夫面对丽姐的指责，总是玩手机，蒙头大睡不予以回应，实际上是不想与丽姐针锋相对，是在刻意回避。但丽姐却并没有懂丈夫真正的意思。就这样，时间久了，当矛盾升级到极点的时候，也就是两人情感危机大暴发的时候。于是，我劝丽姐多和丈夫沟通，或许能找到两人相处的症结，并想办法共同解开。后来丽姐主动找丈夫沟通，终于解开了丈夫的心结，他们又和好如初了。

恋爱与婚姻是两码事。在恋爱期，两人之间相处得非常愉悦和舒适，婚后，却因为生活琐事导致各种各样的矛盾和问题。夫妻相处，看似很平常，实则有着很大的学问。要想维系家庭的和睦，重在彼此的有效沟通。

那么夫妻之间如何进行有效沟通呢？我根据自己在情感咨询中的经验和感受，给大家三点建议：

1.说出自己的心里话

当一个人内心有不满的时候，如果能很好地将情绪发泄和释放出来，将会使自己压抑的状态得到很好的缓解，但这种方法治标不治本。比较好的方式是冷静地坐下来，与对方进行一次心灵之间的对话，向对方说出自己的心里话。人的感官中，视觉与听觉方面的信息传输是最快的。当你向对方说出心里话的时候，情绪上要足够的平和，语言上要温柔和亲切，这样原本在对方心里竖立起来的抵御外界刺激的防护盾才会有所解除。对方才会内心平静地听你吐露心声。

2.听对方的心里话

既然是沟通，就要在将信息传递出去的同时，也从外界获取有用的信息。沟通要有来有往，在说出来的同时，还要听进去。给对方一些时间，多听一听对方的心里话。在聆听对方心里话的时候，你要时不时地与对方进行目光交流。眼睛是心灵的窗户，在与对方进行目光交流时，要给对方一个温柔的眼神，表明你在意对方、爱着对方，证明你在用心接受对方传递出来的信息。此外，还需要注意对方说话的情绪，当你表现出能够接纳他（她）的情绪时，她（他）就能感受到你与她（他）沟通时的真诚。

3.察言观色，随机应变

有时候，一方在说，而另一方表现出不想听的样子。可能对方心中已经承受了太多，不想再装进去更多。此时，或许你让对方先说出自己的心里话，沟通才能更好地继续。

婚后夫妻双方总觉得一路走来默契有增无减，一个眼神，一个动作，对方就能了然于胸。但正是因为这种想法，使得很多事情彼此领会有误。夫妻相处，最忌互相猜测对方的想法。其实，两个人在一起，哪有那么多技巧可言。当遇到矛盾和问题时，最重要的就是相互沟通，这比相互抱怨要好百倍千倍。

用爱心平等地对待爱人 ▷

这个世界上，总是有一种男人，他们在外面是公认的好男人，识礼数、有爱心、脾气好、有担当、勤勤恳恳。然而，他们一回到家中却判若两人。在外面的时候，把一切好的一面都给了外人，却对自己的妻子一点都不好，典型的"窝里横"。这种人不但伤人心，还伤得很深。

这样的男人，会寒了女人的心。嫁给这样的男人，大多数女人过的日子很不幸福。

我在做情感主播的过程中，就遇到这样一件有意思的事情：

> 张楠与丈夫结婚三年，但她却觉得自己越来越感受不到丈夫的关爱。刚结婚那几年。丈夫对自己还是可以的，虽然不能什么事都帮自己一把，但有时候叫他帮忙做点事情他还是愿意去做的。如今，家里任何事情都指望不上。家里的活，洗衣做饭都是她一个人承担，相反，老公在外面却总是乐于助人。
>
> 不仅如此，张楠的丈夫在外面和同事、朋友都能客客气气，笑脸相迎。回到家中跟张楠说话说不到三句，就表现得极其不耐烦，甚至像对待仇人一样，一副凶狠的面孔。
>
> 那天，丈夫拿回两张自助餐券。张楠本以为第二天就是5月20日了，丈夫会带自己去吃自助餐，内心十分高兴。结果第二天丈夫却将自

助餐券分给了同事，还骂张楠："自己在家不能做饭吃吗？娶你有什么用？"本来心情已经很糟糕了，但毕竟是一个特殊的日子，张楠希望通过这个节日能够缓和一下与丈夫之间的尴尬。为此，她做了一桌子丈夫喜欢吃的菜，还特意开了瓶红酒。没想到，丈夫手机一响，他朋友招呼去喝酒，于是不顾张楠的劝阻，赶忙就走了。看着一桌子菜，张楠的心意和辛苦全都白费了。

诸如此类的事情实在是太多了。张楠跟丈夫结婚三年，却被他伤了三年。起初，以为两人刚开始生活，需要时间磨合，但时间过去了三年，张楠也等待丈夫做出改变，等了三年都是白费工夫。丈夫不但没做出一丝改变，反而变本加厉。张楠内心积压了太多的不满，憋在心里太久了。于是，张楠找到了我，向我诉说内心的苦楚。我劝她与其这样，不如好言规劝丈夫，如果丈夫无法改变，再作其他的打算。后来，张楠心寒够了，也失望够了，决定离婚。

张楠的朋友对张楠离婚这件事特别不理解，他们认为张楠的丈夫是出了名的模范丈夫，是张楠过得太幸福了，却不知道珍惜。他们根本不知道张楠内心里装了多少痛苦，受过多少伤。

像张楠丈夫这样的人，其实也并不是特例，我也遇到过很多。这类人往往具有以下特点：

对外人都很好，很有耐心，说话很温柔客气，能主动伸出援助之手。但唯独用最坏的脾气、最差的耐性、最冰冷的话语对待自己的妻子。

别人给他点小恩小惠，他就感激万分，一辈子铭记于心。自己的妻子无论付出多少，他都看不到眼里，记不在心里，甚至觉得理所当然。

对待同事、朋友慷慨大方，即使自己不怎么富裕，也要摆场子，打肿脸充胖子，却从来不舍得给妻子买一件衣服或一件小礼物。

在外面从来不会爽约，因为他们认为爽约会很丢脸。但他们却经常放家里人鸽子。经常妻子打电话、发信息不回复。约好一起过节，但朋友一来，便径直离开，把妻子一个人晾在一边。

这样的男人，对外人十分友爱，却不能用平等的爱来对待自己的妻子。作为这样的男人，你是否考虑过妻子的感受？你可以对外人和颜悦色，为何就不能平心静气对待与自己朝夕相处的妻子？你可以对别人的小恩惠心怀感恩，为何要对妻子掏心掏肺的付出视而不见？你可以拿钱给别人花，为何不能花在将一辈子的青春都给了你的妻子身上？你可以出去赴约，为何要把那个世界上最爱你的人丢下不管不顾？

其实，这样的男人，在外界表现出来的好，是为了满足自身虚伪的需求。他们希望通过外界的"好评"口碑，来证实自己的"价值"。在他们眼里，在外界的好口碑，比任何事情、任何人都重要一百倍、一千倍。至于家人对自己有什么样的看法，对他们来讲不重要，无所谓。

他们根本没想过朋友、同事相处得再好再久，也是人生旅程中的过客，唯有妻子才是与自己要相处一辈子的人。无论对外人还是家人，都应该态度好一点，特别是爱着自己，愿意为自己付出一切的妻子。家是一个人最温暖的港湾，当你疲惫时，只有家里才是让你最放松的地方，只有家里的妻子才是那个永远站在你背后默默支持你、鼓励你的精神后盾。家和万事兴，既然能拿出自己的爱心对待外人，为何不可以用你的爱心平等地对待与你相互搀扶要走一辈子的爱人？

婚姻就要求相爱的双方能够肩并肩，手牵手，一起向前走。学会用爱心平等地对待你的爱人，这是保证夫妻能够相伴一生的必修课。

要求别人承担，不如自己修炼 ▷

　　没有人在结婚时就想着日后离开。每个走进婚姻殿堂的人，都感觉自己无比幸福，都怀揣着对未来美好的向往。但现实往往是残酷的，也是最真实的。婚姻是两个人过日子，少了的是花前月下，多了的是琐碎日常。

　　人总是放低对自己的要求，而用高标准来要求别人。婚姻中，夫妻之间同样存在这样的情况。一方总是希望自己过得很好，希望能够得到幸福，却总把这种希望寄托在对方身上。让对方肩负起创造美好和幸福生活的重担。

　　有一天，有位粉丝打电话过来，说她自己的老公突然变了，不知道是什么原因。后来通过电话连线双方，我终于知道了事情的原委。原来，这位粉丝与丈夫结婚前，总是仗着自己比丈夫小七岁，仗着丈夫对自己的宠爱，几乎任何事情都要张嘴央求丈夫办到。丈夫也会尽其所能，力争做到最好。结婚后，这位粉丝依然享受着这种宠爱。"老公，帮我拿一下喝水的杯子。""老公，帮我切一下水果。""老公，你去拖下地。""老公，我想吃鱼，你给我做吧。""老公，以后你负责挣钱给我花，我负责貌美如花。"……她总是认为，丈夫是男人，是家里的顶梁柱，什么事情都应该由老公承担。

　　婚后两年来，这位粉丝要么在家待业，要么上班三天打鱼两天晒网。经常不是被扣工资，就是没有收入。自己赚的工资不够花时，就拿着丈夫的工资卡去刷。而丈夫却在外忙工作，回家忙家务，承担了所有。每天忙得晕头转向。

经过不懈的努力，丈夫因为在工作中表现出优秀的工作能力，并做出了显著的业绩，所以升了职，加了薪。这位粉丝认为丈夫既然有能力，自己就可以在家享受全职太太的生活。渐渐地，她的日常开销越来越离谱，有的时候甚至还会买一些高端的奢侈品。这对于一个人赚钱两个人花的家庭来讲，丈夫感觉到了身上的负重压得自己喘不过气来。

当一个男人背负的东西太多，超过自己能承受的负荷时。由内而外的暴发是早晚的事。终于，这位粉丝的丈夫突然提出要和她离婚。

她却万万没想到，丈夫突然和自己提出离婚。她认为自己与丈夫的日子一直都是这么过的，以前两人还很和睦，如今却要与自己决裂。对此，这位粉丝表示十分不解。对于这位粉丝在婚后生活中的表现，我十分理解她丈夫的心情和处境。我告诉这位粉丝，不要总是怨天尤人，不要总是认为事情永远是别人的错，要从自身找原因。改掉自己的坏毛病，不断提升自我，或许她的丈夫会重新接受她。后来她按照我说的去做，她找了一份工作，也改掉了乱花钱的毛病。半年后，丈夫看到了她重新改过，的确想好好过日子，两人便和好了。

在这位粉丝眼里，自己与丈夫的生活状态一直如此。其实她只看到了自己，却没有发现丈夫的变化。当一个人不思进取，而是将一切希望都寄托在对方身上时，注定了自己要么原地踏步，要么堕落沉沦。也注定了对方在被希望和被要求的过程中变得越来越优秀。直到有一天，你的堕落与对方的优秀形成鲜明对比时，也就是你的悲剧来临之时。

很多女人是为了找一个依靠，所以才结的婚。在婚姻里，女人总是由满足变得不满足，总是想要的越来越多，对对方的要求也越来越多。但如果我们总是依靠对方，总是要求对方承担，却没有考虑自己是否要求对方太多了。而自己却从来不舍得花一点时间去自我修炼，自我成长。

要想让你嫁的人承担起"王子"应当承担的责任，你首先要将自己修炼成"公主"，不然两个人即便走在一起，也难以匹配。夫妻本是能相伴走到一起的两个人，如果你自己停滞不前，自己不完美，岂能苛求对方？在婚姻关系里，即便夫妻之间再亲密，夫妻双方也依然是一种平等关系。没有谁有权让自己享受生活，而让对方承担生活中遇到的所有困难。

一段好的婚姻关系是夫妻俩并肩成长造就的。如果你对此有足够的认知，就应该让你自己先努力起来。要求对方承担，不如自己修炼，把这份责任自己承担起来。你若优秀了，他怎么会自甘落后？

任何时候，都不要忘记进行自我修炼，成就最好的自己。这个世界，只要你愿意，没有谁能阻止一个人不停向前，能阻止的也便只有自己。

Chapter **9**

第**9**章
家是爱的港湾

> 对于任何一个人来说，家都应该是宁静而温柔的港湾，充满爱意的家也是最温馨的。当然，要实现这些，就需要家中的每一个人来共同维系，用心营造。只有每个人都担负起家庭责任，都做好份内的事，家才是最完美的家。

别让家庭变战场 ▷

相爱的两个人，能走在一起是缘分。然而，很多夫妻结婚后，经常吵架，彼此要争论个高低输赢，把整个家弄得乌烟瘴气。婚姻是需要好好经营的，不能较真。如果夫妻双方事事都要争个明白，那么就请做好分手的准备。

都说"清官难断家务事"。的确，夫妻双方之间吵吵闹闹很难有谁对谁错之分。但家不是一个讲理的地方，而是一个讲爱的地方。一个家庭是否兴旺，不是用房子的大小去衡量，也不是用钱财的多少来决定，而是取决于夫妻两人。夫妻不和，家必衰败。一对失和的夫妻，会让家冷冷清清，没有欢声笑语，只会有吵闹声。这样的家庭中，孩子每日提心吊胆，感受不到父母的关爱，老人忧心忡忡，感受不到家庭的温暖。孩子难管，叛逆任性，老人忧愁，积郁成病。这样的家庭，即使不散也不会幸福。

我曾经在直播间解决过这样一个家庭问题：

毕滢和丈夫都是独生子女，两个人从小就养成了十分强势的性格，任何事情都喜欢争强好胜。恋爱时，两人发现彼此性格相同，但都认定了这就是缘分。但结婚后，两人却因为同样强势，爱较劲的性格而使得日子过得鸡飞狗跳。

毕滢从小一个人玩，习惯了干净整洁，爱清净。但丈夫从小感觉自己是独生子，家里太过冷清，喜欢把小朋友带到家里玩。直到现在，丈夫也经常带朋友、同事来家里聚会。每次一群人来了，喝酒聊天，闹哄哄的，弄得客厅乱七八糟，酒气熏天。

刚开始的时候，丈夫知道毕滢喜欢清静、喜欢干净，所以一周带人来两次，毕滢很给丈夫面子，觉得丈夫在家里没面子，出去混也没面子。所以，毕滢忍了。丈夫觉得妻子虽然很不乐意，但还是做出了忍让，给了自己足够的面子，所以家中也就安静了一段时间。

但不到三个月，丈夫忍耐不住家里的安静，就开始频繁往家里召集朋友聚会时。毕滢认为丈夫太过自私，不尊重自己。于是，有一次在很多人来家里聚会时，毕滢直接走出客厅，停止了聚会活动，并当场指责丈夫太过吵闹，又铺张浪费。朋友们看到火药味很浓，都赶紧溜之大吉了。而丈夫因此感觉颜面尽失，就与毕滢大吵了起来。一场"血雨腥风"由此而来。刚开始还吵得不可开交，但后来吵累了，就开始冷战。

毕滢说她在刷快手的时候发现了我，就找我帮忙解决一下她与丈夫之间的矛盾。后来，经过我给毕滢支着儿，毕滢与老公都平心静气地坐下来，以和谈、商量的形式聊了很久。最终，两人达成了共识：将以前频繁但不高档的聚会，改为半个月一次的高档聚会，并且毕滢还会亲自下厨，招待丈夫的朋友，这样既能给丈夫撑面子，又能体现出丈夫品位的提升。丈夫因为毕滢的改变，内心十分感动，自己也做出了让步，将聚会地点换成了外面的饭店。

就这样，两人之间的不快和争执，就此化解，两人之间的关系也和好如初。

生活中，夫妻之间有意见相左，观念不一致的情况很正常。其实很多时候，两个人的争吵，都是以客观事物为起因，但最终却升级为了主观情感上的争执。似乎吵赢了很有面子、很解气，却早已忽略了引起争吵的真正原因。这一切都是因为好胜心在作祟，我们往往希望胜利，但最终胜利了，却伤了那个曾经爱得死去活来的人，也伤了两个人的感情。

　　家人之间相处，在于相互理解。任何时候，不要将与家人之间的争论输赢看得太重。我们不妨冷静下来，权衡一下我们在这场"战争"中，除了吵赢了，还能有什么？其实你会发现，争吵或许让我们感受到了胜利的快感，但却从来没有赢得夫妻情感上的升华。试问这样的争吵又有什么意义？

　　所以，当我们发现双方意见和观点难以统一时，最好的解决方法就是站在全局的角度去换位思考，而不是只顾自己的私欲，将他人的利益和感受抛在脑后。或许此时我们换位思考后会发现，其实有时候赢就是输，输就是赢。表面上看，自己在这场争执中赢了，却输掉了夫妻之间的感情；表面上看，自己是输了，却赢得了家庭的和睦。

　　家庭不是"战场"，而是一个甜蜜的归宿；家庭不是赌局，无须分个胜负；家是有老有小，有说有笑，有柴米油盐的地方；家是大事商量，小事原谅，相互珍惜，一起过日子的地方。不要把你辛苦营造的家庭变成激烈交锋的战场，家永远是爱的港湾。

经济独立不如情感独立 ▷

俗话说："靠天靠地，不如靠自己。"人们通常用这句话来激励那些不自立、不自强的人。但这句话更加适用于已婚女人。

如今，婚后很多丈夫会说"你负责貌美如花，我负责赚钱养家""我养你"之类的话，但多数女人还是选择经济独立。她们认为，自己赚钱自己花，不用看别人眼色，惬意；认为能够经济独立，就意味着不用过度依赖男人，让自己丧失话语权。所以，她们在工作上大展拳脚，为了高薪，为了日后有更好的生活，她们不断努力和奋斗着。但很多女人却发现，自己有钱了，经济上也的确独立了，成为了事业上的女强人。然而自己忙于事业的同时，可能忽视了丈夫的心理感受。那个曾经说着"我爱你，我养你"的男人，如今却离自己越来越远。那种痛，只有亲身经历过的人才能真的有所体会。

女人即便再努力，再经济独立，都不如情感独立。女人就应当为自己而活，不依附他人，不做别人的附属品。在这个世界上，不要轻易相信男人的承诺，也不要太过在意男人说的"我爱你"，因为这些往往就像一阵微风吹过，转瞬即逝，随时都可能发生改变，甚至荡然无存。

有一个粉丝，就是走出情感阴霾，注重情感独立的典范：

> 这位粉丝生长在一个单亲家庭。父亲在她十一岁的时候，因为一场车祸离开了她。在失去父亲之后，她认为父亲是这个世界上最疼爱自己

的人。为了给女儿带来好的生活，在这位粉丝十四岁的时候，母亲想要给她找个继父。但她却不答应，她认为没有谁能取代父亲的位置。母亲甚至觉得或许这么做的确没考虑女儿的感受，最终还是选择了独自扛起这个家。

等到女儿高考完之后，母亲又一次向她提出想要再婚。而正在叛逆期的她反问母亲："没有男人你会死吗？"这句话触动了母亲的心弦，多少年了，自己一个人又当爹又当妈，内心的苦，谁又能知道？所以，母亲还是选择了再婚。她得知母亲坚持再婚，便离家出走了。

此后，虽然偶尔与母亲联系，但她从不告诉母亲自己的地址。在外打工的她认识了一个年轻帅气的小伙，而且感觉小伙懂得体贴人，在相处的时候，她总是想起父亲疼爱自己的画面。相识三个月后，她便被小伙感动，认为这就是要与自己一辈子相爱相守的人。在小伙的追求下，她便稀里糊涂地和小伙走在了一起。后来发现，自己不小心怀孕了。当她兴奋地向小伙说自己怀孕时，小伙顿时愁眉紧蹙，告诉她其实他有老婆，让她把孩子打掉。当她想要和小伙理论时，小伙却说这是你情我愿的事情，责任不全在自己。最终，她被小伙抛弃了。在悔恨、心痛之中，她把孩子打掉了。此后，她便有了轻微抑郁症，也因此找过我，让我帮助她。一个人能从痛苦中走出来，需要用其他事情来转移注意力，才能奏效。所以，我建议她不妨出去找一份自己喜欢的事情去做，当自己忙起来，一切伤痛就都会暂时忘掉了。后来，她花了三年时间，内伤才得以自愈。而这三年里，她为了忘掉之前的伤痛，将所有精力都放在工作上。她在一家公司做销售，从小职员一直做到区域经理的位置，经济收入也相当不错。同时，这三年里，她也思考了许多，悟出了许多：一个女人，不但要经济独立，还要情感独立。没有男人，其实也可以活下去，没有男人带来的幸福和经济上的支撑，自己也完全可以靠自己的努力拥有。

如今，她和伴侣经历了三年的恋爱期后，结婚生子。但即便如此，她还依然保持经济独立、情感独立。即使在感情上与老公有磕磕绊绊，甚至偶尔受到了打击，还是不会影响她对生活的态度。

这个世界上，没有谁离开谁会活不了。无论热恋还是婚姻，我们在一面沉迷二人世界，享受美好和幸福的时候，一面也要向对方传达一种信息：即便自己爱对方爱得很深，但也要时刻提醒自己，不要迷失自我，以此避免自己稍不留神就会掉入情感深渊。

在情感中，当一个人投入的太多，心情总会受到外界情感变化的干扰，像过山车一样此起彼伏，难以平复。不依恋，不依赖，这是一个人无论经历任何事情都能够快速修复、快速治愈、快速走出来的一剂良药。当你能够随意调整自己的感情时，你才可以主宰自己的命运。经济上的独立，可以让你生活无忧，但情感独立才更能让你看轻、看淡情感上的得失，不会因为失去爱情而失去生活动力。即便情感受到打击，也依然可以活得精彩，活得漂亮。

打破出轨这个瓶颈 ▷

出轨似乎是夫妻相处过程中一个屡见不鲜的话题。也有很多关于如何判断对方已出轨的知识，对方出轨是否可以选择原谅。我在这里要谈的是，如何打破出轨这个瓶颈。如果能找到打破瓶颈的方法，防患于未然，那么自然就不用饱尝对方出轨的伤痛，不用再做艰难的抉择。

我遇到过这样一件有关婚内出轨的事情：

娟子快40岁了，与丈夫生了一儿一女，从大儿子出生起，娟子就辞职，做起了全职妈妈。如今整整十年过去了，小女儿刚满两岁。

当年生大儿子的时候，由于双方父母年迈多病，又在农村，诸多不便。所以丈夫极力劝娟子在家做全职妈妈，给孩子最好的童年。她丈夫认为请保姆又贵又不放心，便说，"从此我养你们"。原本以为自己是这个世界上最幸福的女人，但生完两个孩子之后，坐月子原本是要好好休息，但洗洗涮涮都是娟子自己做，丈夫从来没动过手，其中的辛酸无以言表。

娟子每天的职责就是洗衣做饭，接送孩子上下学，闲暇的时间会在家养花种草。周末则带孩子上兴趣班，去公园遛弯。每天与丈夫聊的都是家里的琐事，如儿子被老师表扬了，二宝奶粉快没了……而丈夫和娟子聊公司的事，娟子却一直在忙着照顾孩子，无暇回应。就这样一晃十年过去了。生活已经把娟子熬成了一个脸黄腰粗、蓬头垢面的女人。

而且自从女儿出生，丈夫就以一张床睡太挤为理由，搬到了隔壁客房去睡。丈夫每天正常上班，有时候后半夜才回来，有时候下班回家吃过晚饭，到点就去客房关门睡觉。自己再忙、再无助，丈夫都纹丝不动，不予理会。娟子压了许久的火气暴发了："没眼力见儿，搭把手能累着？"娟子说话声音非常严厉。而丈夫却根本不关心，还冷嘲热讽："成天班都不上，就照顾个孩子还搞不定。你还能做好什么？"……吵了半天，没有结果。娟子觉得眼前这个人什么都指望不上，开口还不如不开。为母则刚，娟子赌气，再难也自己搞定。此后，两人便一直冷战。

一天，女儿发烧了，娟子敲门让丈夫陪着去医院。丈夫却骂骂咧咧，嫌弃娟子大半夜影响自己睡觉。平时对孩子和整个家不管不顾也就算了，孩子生病还无动于衷，实在是太过分。于是敲门声更大了："你还是不是人，孩子生病都不管。这个家里要你还有什么用？""你的职责不就是照顾孩子吗？你没照顾好，我还没找你，你却来指责我？"……

卧室里的小女儿和儿子都被吵醒了。儿子一脸迷惑的表情走出来，女儿在卧室床上趴着，听到大吵，便跟着大哭了起来。整个屋里，吵架声、哭闹声交织在一起，此起彼伏。娟子毕竟还是心软，安顿好儿子后，独自带着女儿去了医院。从医院回来后，娟子憋着一肚子怒火。没想到丈夫提出了离婚，并承认自己一年前就爱上了别人，已经和别人在一起了。

其实，娟子丈夫的种种行为都表明，他已经不再爱娟子。也正是因为一条导火索，引出了丈夫要离婚的心里话。女人总是喜欢用离婚和有了别人作为威胁对方的工具，只是为了吓唬对方。男人一旦说出离婚和有了别人，那就是真的出轨了，下定决心要离婚了。所以，我劝娟子，既然她的丈夫已经铁了心要离婚，不如就此放手，这是彼此解脱的最好方式。后来，娟子也觉得自己每天过得并不幸福，还遭遇丈夫的出轨和背叛，认为自己的所有付出都太不值了，就果断同意离婚了。

人们常常说，为了整个家付出所有的女人，被丈夫抛弃是最可怜的。但有没有想过，为什么之前丈夫信誓旦旦要一辈子对你好，为什么满眼泛着幸福激动的泪花，费尽心思要把你娶回家？为什么如今却将你弃之如敝屣？不愿多看你一眼，不愿多跟你说一句话？其实这些都是有原因的。

从小娟和丈夫的事情中，我分析男人之所以出轨，做了负心汉，有以下几点原因：

妻子不修边幅，身材发福；

妻子每天关心的只有孩子，而忽略了丈夫的存在和感受；

妻子与丈夫每天的关注点不同，而导致没有共同语言；

孩子与妻子一起睡，夫妻没有独处时间和机会；

妻子整日与家务、柴米酱醋茶为伴，个人学识和认知没有丝毫提升。

这些也正是导致小娟丈夫出轨的症结和瓶颈所在。那么女人如果不想面临丈夫出轨的问题，就要寻求打破丈夫出轨的方法。针对以上几个方面，我给出以下几点建议：

1.婚后的女人要内外兼修

很多女人婚前打扮得十分精致，婚后便自以为嫁给了丈夫，即便自己再邋遢，身材再走形，也没关系。要知道，一张结婚证，只是对婚姻做保障，却不能做任何保证。

没有哪个男人喜欢每天面对一个不修边幅、邋里邋遢的女人，无论婚前还是婚后都是如此。女人要想像婚前一样有持久的吸引力，能给丈夫带来持续的新鲜感，婚后也需要内外皆修。

气质是最让男人为之心动的东西。你可以不浓妆艳抹，也可以不珠光宝气，但一定要给自己画个淡妆，穿大方得体的衣服，走出轻盈自信的步伐。展现你的气质，丈夫的眼睛才不会从你身上离开。

此外，婚后的女人，即便再忙，也要找时间给自己充电：看当下最前沿的科技，了解最热门的新闻，关注丈夫工作领域的最新动态，学习一些婚姻经营技巧。

2.在丈夫身上多花些时间、多给些陪伴

虽然丈夫是一个成年男人，承担着照顾家人、保护家人的角色，但他也需要关心和陪伴。女人不要生完孩子之后，就将孩子当作你的全部，不要把围着孩子转当作你人生中最重要的事情。因为一个女人，人生中的三分之二时间是要和伴侣一起度过的，也只有维护好与丈夫之间的关系，才能给孩子更完整的家庭，更美好的童年。

所以，无论自己再忙，也一定要拿出一部分时间投入到丈夫身上，给丈夫关怀、关爱、陪伴。不需要做太多，说一句暖心的话，一个温暖的拥抱，对方都能体会得到。

3.寻找独处机会，主动制造浪漫

在绝大多数人眼中，制造浪漫是男人的事情。也正是如此，有很多有关男生点蜡烛、捧鲜花、送戒指、单膝跪地求婚的浪漫桥段。但享受浪漫并不是只有女人才能拥有的福利。每个善于制造浪漫的男人，同样也喜欢浪漫。所以，偶尔找个可以与丈夫独处的机会，制造一个浪漫的氛围，给丈夫意想不到的惊喜。这样感动、回忆随之而来，夫妻亲密度瞬间提升。

4.做个有趣的人

夫妻之间相处久了，彼此就会因为太过了解对方，而感觉生活枯燥和无趣。

好看的皮囊千篇一律，有趣的灵魂万里挑一。越是稀缺的东西，越是给人们一种求之不得的诱惑，越是能激起人们不断追求的兴趣。男人往往对越是自己好奇却不得解的女人越感兴趣。因为如果能够把这样的女人了解得一清二楚，他们内心就会有一种很强的成就感。

什么样才算是一个有趣的女人呢？我总结了几点：健康的情绪、积极的心态、想象力丰富、善于制造情调、高情商、懂得社交分寸、有神秘感，不断提升自我。有了这些，你的丈夫永远都感觉对你似乎看得懂，却又看不透，永远都觉得你做人做事都很漂亮，都很在行。夫妻之间的情感，自然就会牢不可破。

妥协不能超过底线 ▷

结婚的时候总是欢天喜地地走在一起，但婚后却走着走着各奔东西。有人总是把结婚的初衷抛在了九霄云外，开始向婚姻生活不断妥协。但并不是所有的妥协都能换来婚姻的幸福与长久。婚姻中，妥协也要有底线，该坚持的原则千万要守住。

早期我在快手上做情感主播时，遇到过这样一件事情：

当事人是通过别人介绍才认识现在的丈夫。认识不久后，两人便稀里糊涂地走在了一起，没想到仅此一次，便中了"大奖"，怀上了孩子。没办法，只能"先上车后补票"，双方家长商量婚事。两个人还没来得及互相了解，就稀里糊涂地结了婚。

当自己嫁过去后，才知道这家人的情况。老公在家里最小，上面有两个姐姐，在他们很小时母亲就去世了。由于大姐与他年龄相差近十岁，平时大姐就像他的亲妈一样，照顾老公所有的生活起居。老公赚的钱都由大姐保管，怕他乱花。嫁过去后，大姐不仅管教她的老公，还管教她。而她的公公，年轻时总爱限制自己的妻子，如今对儿媳妇都要指指点点，处处限制。在怀孕期间，不许她出去，限制她的一切社交和活动，而给出的一个冠冕堂皇的理由是，怕肚子里的孩子有闪失。有一次，她贪嘴便出去吃了个炸鸡。回来后被丈夫一家人围着挨个数落了一通。她虽然心里很难过，但想着或许生完孩子之后，一切会变好，自由也会来到。没想到的是，孩子出生则更是她灾难的开始。孩子患有先天性兔唇。此后，丈夫一家人便将所有的责任都归到了她身上，指责她孕期护理不当，出去吃炸鸡，直接影响了孩子的基因。最让她难堪的是，直接说她带有不良基因。

她的父母都是老实巴交的农民，他们对女儿的遭遇感到痛心疾首，但除了打电话安慰女儿之外，也无能为力。她的父亲虽然找女婿理论过，但女婿却直接指着岳父的鼻子，大声呵斥："你女儿嫁到我家，就是我们家的人，你没有多管闲事的权力。"

很多人都劝她离婚，而她却怕婆家人去找自己的父母麻烦，所以不敢有任何反抗。直到有一次，丈夫对她施以家暴，她才敢通过快手找到我，向我讲述了她不幸的婚姻，向我求助。

这位当事人一直在家中受气，没有家庭地位，这是因为她在家庭遇到问题时一直都选择隐忍、妥协和退让。所以，在这段婚姻里，她越是妥协越是退让，就越没有家庭地位。我非常理解她那种想离婚，又不敢反抗的纠结和痛苦。但如果现在不果断做出决定，走出这样的"苦海"，未来吃苦的日子还会有很多。后来，她终于选择了不再妥协，大胆地提出了离婚，走出了那段不幸的婚姻。

婚姻中，当一个人永远毫无底线地妥协、退让，就会逐渐在家庭中失去自我，成为别人管制下的可怜人。虽然有的人希望通过隐忍和妥协来换取生活的幸福和安宁，但往往都是事与愿违，越是没有原则、没有底线的妥协，越难以赢得对方的尊重。因此，婚姻中妥协不能超过底线。

婚姻中哪些事情不能妥协，不能超过底线呢？我总结了几点：

1.人生理想

每个人都是有理想的。因为理想，人活着才有奔头。所以，即便结婚，也不能放弃对理想的追求。

第9章　家是爱的港湾

2.个人尊严

婚后的女人，尤其是有了孩子而没有工作的女人，总是被一些人认为靠男人养活，而女人却没有为家庭做出任何经济贡献。所以女人即便整日为家庭操劳，也得不到公平待遇，总是在家中低人一等。特别是有传统观念的公婆，会认为儿媳妇吃的穿的用的都是自己儿子的，认为儿媳妇没有资格在家里做主，做决断，就将儿媳妇在家庭中的地位降到最低。而这样的女人做着最累、最操心的事情，却最不受尊重，被家人呼来喝去，甚至还需要忍受家人的呵斥和辱骂。一个人可以没有地位，但绝不能没有尊严。任何时候都要守住自己的尊严，别人才会对你尊重。你要做的就是，当尊严受到侵犯时，大胆与丈夫和公婆交涉，告知自己的底线，维护自己的尊严。

3.真实自我

一个人活着，就要做真实的自我。一旦按照别人的要求活，你就已经不再是你自己。所以你应该做的是，经常与丈夫进行深度沟通，在不影响正常生活的基础上，做自己想做的事，展露自己的真性情。

如何处理婆媳关系 ▷

自古以来，婆媳关系就是家庭特别难解决的难题。她们之间扯不清，理还乱，让多少家庭因此而导致夫妻离婚。那么为什么婆媳关系是难以处理的人际关系呢？

首先，婆媳之间没有血缘关系，一个要接纳，一个要融入，势必会有"排异性"。

其次，婆媳原本生活在不同的家庭环境当中，各有各的生活习惯。两人走在一起，势必会难以相互适应，由此会关系紧张，矛盾丛生。

再次，婆媳思想观念不同。年轻人有年轻人的思想和做事风格。长辈有长辈的思想和处世之道。新旧观念不同，处世方式不同，就会因此而矛盾百出。

最后，一边是妈，一边是妻子，两人无论做任何事情都是为了一个男人——婆婆的儿子，儿媳妇的丈夫考虑，爱的方式不同，自然也会出现分歧和矛盾。

在婆媳关系中，很多时候，儿子即丈夫，站在两人之间。一边担心会被母亲认为不孝，另一边担心惹妻子生气。但如果认真研究男性思维模式，就会发现，他们多数最终还是选择舍妻子、尽孝道。用这种方式处理婆媳关系，不但没有化解婆媳间的问题，反而损害了夫妻关系，最后让自己的婚姻走到了尽头。

关于婆媳关系，我曾经遇到过这样一件事情：

有个老太太，她有一个儿子，在儿子十八九岁的时候，她的老伴就走了。她一个人将儿子从十八九岁带到今年四十多岁成家立业，但是儿媳妇却不孝顺老太太。老公常年在外打工，儿媳妇就虐待老太太，嫌弃老太太不讲卫生，就不让老太太去她家吃饭。每天把饭做好了，就送过去给老太太。头一天送过去，老太太不舒服，就没有吃饭；第二天，儿媳妇还是将头一天的那碗饭端过去，老太太依旧没吃；第三天，老太太身体好些了，以为能吃点好吃的了，没想到儿媳妇端过来的还是前天的那碗饭。一碗饭，一连送了三天，老太太就生气了，直接拿出去喂了狗。恰好被儿媳妇看到，认为我给你好东西吃，你不吃反而用来喂狗。言下之意就是把我的辛苦都喂了狗。

儿媳妇一动气，便出手打了老太太。六十岁多的老太太，被四十多岁的儿媳妇打得鼻口满是血。老太太很无奈，只好离家出走。儿子通过家里亲戚得知整个事情之后，就找我，一方面希望我能够调解婆媳关系；另一方面，认为直播间人多力量大，希望能帮忙找一下自己的母亲。

然而，得知丈夫要通过我的直播间找自己的母亲，妻子认为把自己家的丑事搬到直播间去聊，是丈夫故意让自己在所有的亲戚、朋友面前丢脸。为此，两口子闹起了离婚。我在直播间劝说双方的时候，刚开始儿子还挺向着自己的母亲，可是后来，媳妇闹离婚回了娘家，儿子就让我帮忙先劝说媳妇回家，把找母亲的事情抛在脑后了。为此我十分生气，教育了儿子一番："你母亲把你养这么大，你媳妇不孝顺你母亲，把亲妈气走了。你却先让我帮你劝说媳妇回家。你是否考虑过你母亲现在的安全？"事后，儿子幡然悔悟，决定先找母亲。后来，我们通过直播间的父老乡亲相互联系，找到了老太太，老太太在村里的一个好姐妹家住着。把母亲接回家之后，儿媳妇却认为这件事闹这么大，让自己丢脸了，不愿意在直播间解决。于是，儿子决定自己回家解决。

整个家庭关系中，老太太的儿媳妇太过刁难，而男人作为母亲的儿子，妻子的丈夫，刚开始却没有站出来主持公道，没有想办法解决家里存在的婆媳之间的问题。

在婚前，男人是母亲的儿子，和母亲是一家人。但婚后，男人和妻子又会组成一个小家庭。我认为，这个时候，作为男人，作为家里的桥梁，就要在保护妻子的前提下，做一个孝顺、懂事的儿子。如何做呢？

1.避免母亲为小两口做决定

一个母亲，即便孩子成家立业，也终究是自己的孩子。为孩子做决定，是很多母亲在儿子成人成家之后也会常做的事情。作为儿子，不能永远活成"妈宝男"。成家立业代表你已经长大成熟，要有自己的判断和主见。如果依然固执地认为"我应当听我妈的""我应当站在我妈这边"，这也是严重的心智不成熟的表现。

一个真正成熟的男人，在遇到婆媳关系紧张时，应当主动站出来，诚恳、认真地和母亲沟通，告诉她感谢一直以来母亲对自己的指引和帮助，如今自己长大了，学会了自我独立、自我判断，完全可以自己走接下来的路。母亲为自己操劳了很多，是时候放下负重和负担，亲眼见证自己和妻子未来的路走得有多好了。相信母亲听了这样的话，内心会十分感动，会认为你的确长大了，是时候放手了。

2.给母亲幸福感

我经过走访发现，老年人幸福指数的高低，与子女是否在身边并没有什么关系。而实际上有关系的是：老伴是否在世且健康；自己是否健康和有事可做；是否有更多的朋友。

如果一个男人能给母亲带来这三方面的满足，母亲自然没时间和你的妻子为一些鸡毛蒜皮的事情纠缠不休。

婆媳关系并不是只有媳妇和婆婆双方需要调解和维护的，更多的是需要男人能够站出来主动解决问题，这样工作既容易开展，矛盾又容易快速化解。

和长辈相处的学问 ▷

结婚前，相恋的两个人共享二人世界，彼此可以怎么轻松、怎么舒服就怎么相处。但结婚后，不再是两个人之间的事情，而是融入了双方父母的生活。所以做任何事情都要考虑长辈的感受，而不是随心随性行事。如果你做得不够好，势必会引发家庭矛盾。其实，和长辈相处也是一门学问。

如何与长辈相处，我给大家几点建议：

1.对长辈尊重

尊老爱幼本身就是传统美德，尊重和爱戴你的长辈，是最起码的与长辈的相处之道。长辈与我们之间是有一定代沟的，可能会在生活习惯、做事风格上与我们有所不同，千万不要以自己的思维去看待长辈的习惯和风格。或许他们的习惯和风格对年轻人来说十分难懂，但很多时候却也很有道理，而且都是为了年轻人好。比如年轻人有晚睡晚起的习惯，而长辈则认为早睡早起身体好，所以不要觉得他们大清早喊你起床，是故意惊扰你的清梦，实则是为了你好。

我有一个粉丝，她说她经常看我直播，也从中学会和领悟到了很多与长辈的相处之道。这位粉丝是北方人，而丈夫是南方人。在结婚后，他们与公婆住在一起。真正在一起生活后才发现，她与公婆在生活习惯、饮食习惯方面有很多的不同。自己做的饭菜公婆吃不习惯，公婆做的饭菜自己不喜欢。然而众口难调，最后她为了缓和双方之间的关系，和公婆商量，一天自己做北方饭菜给公婆吃，第二天公婆做南方饭菜给自己吃。公婆觉得这种方法非常可行，尊重了大家各自的饮食习惯。因此她的公婆认为她是一个懂大局、识大体的好儿媳。

2.对长辈礼貌

无论对任何人，我们都要保持最起码的礼貌。尤其在与长辈相处的时候，更要注意礼貌。说话时要注意控制自己的语气，尽量将语气缓和一些，语速也要放慢一些，否则他们会认为你是不耐烦。

3.保持安静

长辈年纪大了，通常都喜欢安静。在和长辈相处的时候，尽量保持安静，给长辈一个安静的生活环境，这样才有助于家人之间关系的维护。

与前面那位粉丝相反，我的另一位粉丝却向我抱怨自己的媳妇与长辈相处过程中遇到了很多烦心事：

这位粉丝的妻子是一个活泼好动、古灵精怪的女生，也正是因为这样的性格，使得他喜欢上了她。婚后，妻子一直保持自我个性，经常在家里搞一些小创意，也因为这些小创意多次拿过奖项。他虽然对妻子表示非常支持，但却经常因此和她闹矛盾。原因是他的父母喜欢安逸静谧的生活，不喜欢吵吵闹闹。妻子每次搞创意的时候，会叮叮当当弄出刺耳的声响，这是公公和婆婆所不能接受的。而她却认为公公婆婆太过矫情。公公婆婆却认为他的妻子太过自私，不考虑别人的感受。所以妻子嫁进来之后，并不是很受欢迎。为此，他希望能想办法缓解双方之间的矛盾。其实，这样的问题十分好解决。我问这位粉丝，为何不带自己的父母和妻子出去旅游、散步。这样一家人既不会因为家里有动静而闹矛盾，又能通过户外活动，让彼此之间的情感更加融洽。另外，他完全可以和妻子认真聊一聊，让妻子错开时间，等父母外出时再搞小创意，互不干涉。后来，这位粉丝按照我说的去做，果然家里再也没有出现过类似的矛盾，父母和妻子之间的感情也越来越好。

4.对长辈迁就

人往往年纪大了以后，或多或少会有小孩子脾气。当他们耍小孩子脾气时，给予他们更多的迁就，还要找机会多陪陪他们。

5.多哄长辈开心

长辈也是需要来哄的，他们也喜欢有人关注他们，给他们关爱。晚辈可以经常买一些小礼物，让他们感受到你对他们的关心和爱。

6.多和长辈聊天

人一上年纪，就会认为自己老了，不受人待见，没人喜欢和自己聊天作伴，所以，很多时候都会感觉很孤单。因此晚辈要经常找时间和长辈多聊天，多逗他们开心，这样长辈会十分高兴。

人与人之间是相互的，你善待别人的同时，其实也是在善待你自己。因此不要忽视与长辈的相处之道。只有跟长辈搞好关系，讨到长辈的欢心，才能受到长辈的喜欢，你在家里的人际关系才能融洽，你在家里的地位才能站得稳，你的生活才能如鱼得水。

给孩子做最好的榜样 ▷

　　教育孩子是一件严肃的事情，容不得半点马虎。孩子的成长是一次"单程旅行"，不可以"返厂"重新来过。你如何教育孩子，决定了孩子未来成为什么样的人。

　　很多家长在教育孩子的时候，认为只有采取棍棒恐吓的方式，才能将孩子打造成自己想要的模样。我并不赞成这种做法。如果真正想让孩子听话，首先就要以身作则，给孩子树立良好的榜样，这样孩子才会对你信服，将你看做是他崇拜和尊崇的偶像。

　　父母是孩子的启蒙老师，不仅要培养孩子的兴趣爱好，还需要注重孩子品德行为的培养。很多时候，孩子的行为习惯会在父母的熏陶下，逐渐被教导而成。父母的榜样力量，对孩子的影响十分巨大。父母的言行举止，性格品质，在孩子成长的过程中会起到"润物细无声"的效果。

　　没有谁能够拥有十全十美的教育方式，也没有谁能做十全十美的人，但我们完全可以成为孩子最好的榜样。

　　我曾经有个粉丝，他们夫妻双方教育孩子的理念就是"棍棒之下出孝子"。从小只要孩子不听话，做得不够好，考试成绩糟糕，他们便拿起身边的东西，挥手就打。

　　孩子上小学的时候，经常丢橡皮，可是连续好几次后，他的父亲便破口大骂，嫌弃孩子这么大，连个橡皮都看不好，长大也肯定是"废柴"，并说，再丢就拿棍子打孩子的手。

当孩子上初中后，父亲还依然延续这种教育方式。在初二那年，孩子成绩一直都不错，学校摸底考试，能拿全校前十。父母对孩子寄予厚望，认为孩子上个好大学应该没问题。但家长期望得越多孩子学习压力就越大。后来，在高三上半学期，孩子一上考场就昏过去了。老师把孩子的父母叫到学校，谈孩子晕考的事情。本想劝孩子父母不要给孩子太多压力，但他的父亲听说孩子晕考，直接在老师办公室拿起拖把对孩子又是一顿暴打，认为自己的孩子没出息、没勇气。当时学校很多老师和同学都在旁边围观。孩子当时被打得胳膊和腿上青一块紫一块，满眼泪水不住地往下流，却没哭出一声。后来好多老师上去一边劝导一边制止，孩子的父亲才住手。

孩子回家后进了自己的房间，关起了门，连母亲都没让进。没想到的是，这次孩子在学校众目睽睽之下被父亲暴打，让孩子内心感到很没有尊严，所以留下一张纸条，准备离家出走。孩子半夜的时候正打算悄悄出门，恰好被起夜的母亲发现，才没有出走成功。

事后，这位粉丝和妻子都很后怕，担心自己的孩子有一天再次离家出走，永远见不到自己的孩子。他们向我请教如何才能让孩子不再有这样的念头。

我认为，孩子的内心本是脆弱的，父母经常打骂孩子，会给孩子脆弱的心灵划上一道道伤疤。有的孩子随着年龄的增长会慢慢自愈，有的孩子却对此一直耿耿于怀，积郁在心，最终做出偏激的行为。我认为，对待孩子，棍棒是不能解决任何问题的，正确的解决方法是动之以情，晓之以理。另外，我认为还有更重要的一点是，孩子就像是一张白纸，孩子成为什么样子，关键是看作为启蒙老师的父母，在这张白纸上折射出什么样的影子，孩子才会照着样子把自己画成什么样子。所以，我建议这对夫妇，放下身姿做孩子的朋友，多和孩子沟通，多用自身的言行来教育孩子，这样才能做到事半功倍。

后来，这对夫妇尝试照着我的建议去做，没想到孩子和父母之间的关系好转了，孩子也不再像之前那样叛逆了，成绩也有所上升。一切都向着好的方向发展。

父母本是孩子天然的老师，对孩子有着重要的影响。身教重于言教。用粗暴的方式教育孩子，远不如用自己正向的言行来打动孩子。通常，父母性情急躁，孩子也会草率行事；父母爱随口说脏话，孩子会照样学样；父母乐观向上，孩子也会阳光积极；父母发奋工作，孩子也会努力学习……

我的另外一个粉丝李鑫就十分会教育孩子。在她的孩子两三岁的时候，有一次带孩子去公园遛弯，看到有个小孩子放风筝跑得摔倒了，而父母又不在身边。李鑫就告诉孩子，前面有小朋友摔倒了，我们去把他扶起来。虽然孩子很小，不是很懂，但他却将李鑫所做的看在了眼里。类似助人为乐的事情，李鑫经常去做。渐渐地孩子长大一点，到四五岁的时候，遇到有人需要帮助都会主动上去帮忙。很多人都羡慕李鑫有一个长得可爱，又懂事的孩子。

教育孩子，父母不必在孩子面前苦心竭力地维系自己的完美形象。只要在孩子面前展现出最真实的一面，让孩子看到不虚伪、充满真实感的父母，就足以打动和影响孩子。

作为孩子的父母，该如何以身作则影响孩子呢？下面这十件事如果你能做到，将对孩子产生积极的影响：

1.合理膳食，坚持锻炼。

2.做人谦虚，做事低调。

3.生活简朴，不铺张浪费。

4.不畏困难，迎难而上。

5.有责任感，助人为乐。

6.热爱学习，不虚度光阴。

7.懂得知足，懂得感恩。

8.懂得自爱，懂得爱人。

9.坚强自立，做人正直。

10.宽容大度，不斤斤计较。

正所谓"龙生龙，凤生凤，老鼠的孩子会打洞"。父母是孩子的一面镜子。在教育孩子的问题上，育人先育己。父母以身立范，孩子才能得到最好的教育。

第**10**章
再婚也可以很美

"

再婚，在现代社会已经不是新鲜事了，但有的人可能还是视再婚如虎。其实无论再婚还是初婚，这都不重要，重要的是你们能够处理好彼此的事情，能够彼此相爱。爱，在任何时候都不会晚。

想清楚自己的需要再重新开始 ▷

都说"爱情虽甜蜜，结婚需谨慎"，但离婚后选择再婚，同样需要谨慎，谨慎，再谨慎。婚姻不是儿戏，不是想结婚就结婚，想分手就分手，想再婚时就再婚。人生有多少个青春能够经得起这样的折腾？

我曾遇到过这样一个真实而离奇的故事：某小镇小学有位胡老师，他的妻子高女士原先是一个心比天高的人，她自视有几分姿色，认为只有才华横溢，家庭条件富裕的人才能配得上她。她嫁人的标准，当地人人皆知。镇上的胡老师教语文，在小镇上自然算得上是才华横溢，再加上在镇上有份收入稳定的工作，也就勉强符合了高女士的择偶标准。婚后，两人生下了一个可爱的儿子。但高女士一直都是一个"有追求"的人，当她看到镇上有的同龄姐妹走出去闯荡，后来都嫁得很不错。再看看自己的丈夫，虽然很疼爱自己，但长相一般，个头一般，还没有钱。面对此情此景，高女士便将一肚子的不甘都泼到了丈夫身上，看丈夫鼻子不是鼻子，眼不是眼，而且还每天找碴，这里不是，那里不对。就这样，高女士放任自我地作了一年多。起初，丈夫因为爱妻子，便忍气吞声。但后来，高女士越来越过分，居然去学校吵闹，严重影响了胡老师的生活和工作。胡老师最后只能选择离婚，孩子归胡老师照顾。离婚后，高女士内心又是高兴，觉得自己终于得以解脱，又是不甘，觉得自己嫁给了胡老师耽误了好几年青春。

后来，镇上来了个办企业的男人，虽然离过婚，但看上去阳光高大、清秀俊朗，更重要的是对方是一个经济条件很好的企业家。所以，企业建成后招工，高女士非常积极地去应聘，成为一名员工。此后的日子里，高女士有意接近这个男人，经常帮这个男人做力所能及的事情，还照顾男人带的孩子。这样一来二往，男人便对高女士有了好感，也心存感激。后来两人再婚，高女士如愿以偿。

在一起生活一段时间后，吃穿用度虽然好了很多，但高女士并不快乐。这个男人每天都在忙事业，根本没有像前夫那样每天有时间陪伴、呵护自己，她感受不到现任丈夫对自己的爱。她也为此和丈夫谈过，但丈夫总是解释："现在厂子刚开始运作，需要投入更多的时间和精力，对不住老婆，等过些时间我就拿更多的时间来陪你。"结果这样没有陪伴，没有呵护，感受不到爱的日子过去了一年。高女士越发地怀念前夫对自己的温柔和体贴，感觉自己过得并不幸福。在内心矛盾之际，高女士问我该怎么办？我告诉她，最好遵从内心的选择，如果选择好的经济条件，就选择和现任丈夫继续过日子；如果选择被陪伴、被呵护的感觉，就选择前夫，前提是前夫愿意接受她。没想到的是，高女士最后选择了离婚，选择与前夫和好。庆幸的是，她的前夫为人老实，一直很爱她，所以虽然别人极力劝阻，还是接纳了她。

一个人，前一段婚姻的失败，必定有失败的原因。失败并不可怕，可怕的是当事人却不自知，不知道问题究竟出在哪里，自己究竟需要的是什么样的婚姻。千万不要让自己像高女士一样，往后的生命一直都活在结婚、离婚、再结婚、再离婚的无限循环当中。

如何让自己有一个新的、幸福的开始呢？

1.保持冷静

一段婚姻失败后，很多人会陷入痛苦当中无法自拔。但也有些人想要通过快速找到下一任而快速走出阴霾，忘掉过去。所以，在下一段婚姻里，他们火急火燎，急于求成。当再婚后，却发现不幸的婚姻以相同的形式在自己身上又经历了一遍。要想避免这样的事情发生，最好的做法就是保持冷静。一个人只有冷静后处理事情，才能做到合理、有效，否则只能将事情变得更加糟糕。

2.认真思考

俗话说"三思而后行"。做任何事情都需要在认真思考后，谨慎行事。婚姻更是如此。脑袋一热做的决定，通常会给自己带来悔恨。在你决定重新开始自己的人生，选择再婚之前，一定要问自己几个问题：在婚姻里，自己想要的到底是什么？你想要的是幸福和快乐，还是优渥的物质生活？想清楚了，想透彻了，你才能在再婚后少一些后悔和悔恨。

再婚相对于头婚来讲，婚后对双方的考验，一点都不比头婚少。感情是经不起消耗的，关于感情任何人都要做好思量，弄明白自己想要的究竟是什么，切莫让自己再走一遍之前所走的路。

再婚夫妻更要多些包容和理解 ▷

经过一段失败的婚姻之后，人的内心是脆弱的和敏感的。能够再次选择重新开始，很多人是下了很大勇气的。

然而，再婚的夫妻在一起生活，可能要面临比原配夫妻更多的考验和挑战。因为双方是半路夫妻，不像原配那样经过只有二人的蜜恋期走在一起的。再婚更多的是两个家庭的重组。在重组过程中，双方会因为之前受过伤，或有各自的孩子，以及不能说的秘密，从而充满了猜忌、试探，也因此会出现各种矛盾和问题。

具体来说，造成矛盾的原因在于：

1.旧事重提，引发猜测

每一段婚姻，只要爱过，就一定会刻骨铭心。有时候会在不经意间提到前任。而现任内心则是非常在乎前一个和伴侣生活过的人。这种现象其实都是人之常情。但往往处理不好，就会引发猜忌。

2.与前任见面，心生嫉妒

无论离婚还是再婚，如果双方有孩子，孩子问题可能是一个永恒的话题。虽然与前夫（前妻）之间的感情已经彻底破裂，但打断骨头连着筋，孩子永远是离婚双方联系的纽带。无论哪一方获得孩子的抚养权，另一方都有对孩子的探视权。这样，前夫与前妻见面也是在所难免。但再婚丈夫（妻子）看到妻子（丈夫）与前夫（前妻）一家三口其乐融融的场景，难免心生不悦。

3.彼此隐瞒，不够坦诚

再婚夫妻之间，往往会因为孩子问题而有私心，并且会对另一半不够坦诚。比如夫妻一方除了定期给孩子支付相应的抚养费，还会悄悄地给孩子买玩具、服装等，以弥补对孩子的亏欠，而做的所有这些却不想让现任知道，因此会加以隐瞒。

其实，这些现象都是符合人性的。从人性方面来看，不经意间提到前任，因为孩子与前任见面，悄悄地给孩子买东西，这些都是人之常情。人心都是肉长的，如果现任太过无情无义，那么与你再婚，也不见得是好事。再者，你本身也离过婚，也有孩子，如果能将自己换作对方的处境来看待问题，你就会觉得这些的确是可以理解的。所以，在保持原则，没有打破底线的基础上，我们可以适当地给予对方包容和理解。

我有个粉丝名叫小良，离异单身，孩子的抚养权给了前妻。他遇见廖妮的时候，廖妮并不是单身，有老公有女儿，但她的生活却很不幸福。她老公是一个游手好闲的人，整日不做正经工作，吃喝玩乐成了他生活的组成部分。小良对于廖妮的遭遇只能表示同情，感到生活对她的确不公。

有一天晚上，廖妮的孩子发烧，她让老公一起带孩子去医院，但老公正在玩游戏，并没有搭理她。无奈，廖妮只能自己带孩子去医院。内心的酸楚没处说，就发了个朋友圈。小良看到后，给廖妮打了个电话，便急匆匆去了医院，又找医生，又挂号，一直陪廖妮到天亮。从那天开始，小良不仅很同情廖妮，更多的是想要保护好她。

后来廖妮感觉自己的婚姻难以为继，就选择了离婚。前夫死活不肯把女儿的抚养权给她。后来，小良和廖妮再婚，而廖妮的女儿则成为一个难题。廖妮非常心疼自己的女儿，经常去前夫那里看女儿，几乎是每天都去。因为廖妮认为女儿跟了这样的父亲，过着有上顿没下顿的日子，太可怜。小良认为廖妮嫁给了自己，就是自己的人，天天跑去前夫家里，心里很不舒服。于是，找我想办法，解决当前的尴尬处境。起初，我建议小良找廖妮商量，想办法给廖妮前夫找一个好一点的工作，让他有个正经事情去做，让父女俩有个安稳的日子，廖妮也能少操点心，少去前夫那里。于是，他找一个开公司的朋友，给廖妮的前夫找了一个门卫的工作，既清闲又比别人工资高。没想到，廖妮前夫依旧吊儿郎当，上班也三天打鱼两天晒网。无奈，小良又来找我想办法。后来我建议小良可以尝试向廖妮的前夫要回孩子的抚养权。于是，小良和廖妮又一次商量，拿出了10万元换女儿的抚养权。小良亲自拿出10万元，交到了廖妮前夫手上，并和廖妮前夫谈孩子抚养权的事情。没想到廖妮的前夫居然同意了。此后，廖妮十分感激小良对她的帮助，一家三口过起了幸福快乐的生活。

再婚夫妻，就是这样。很多时候牵动两个家庭，牵动更多的人，也会出现更多这样那样的问题。但永远要明白，虽然是再婚，和现任才是真正的一家人。如果在婚姻中，不能相互体理解和包容，不够坦诚，不能想尽办法去化解矛盾，那么你们的婚姻将难以长久地维持下去。

如何处理好和前任的关系 ▷

在很多人看来，爱情是有排异性和占有欲的，再婚后，现任丈夫/妻子会对对方的前夫/前妻十分敏感和排斥，不希望自己的现任还与前任有过多的瓜葛。所以，既然已经离婚，你就一定要处理好与前任的关系，对前任有所回避，和前任划好界限。这才是与现任相处最好的态度。

1.忘记过往，从此相忘于江湖

有的再婚夫妻本身就不像原配夫妻一样，再婚夫妻一路走来都会战战兢兢，生怕说错话、做错事，引起对方的误会。要想让另一半对你完全放心，就要告诉自己，过去的已经过去，不必再提，不要再相互纠缠。要活在当下，该走出来的走出来，该走进去的走进去。

> 我的粉丝孙先生，再婚后就遇到了这样的问题：孙先生因为与前任不合，最终两人离婚。婚后，两岁的儿子由孙先生前妻带着。后来，过了将近两年，孙先生与现任牛女士相恋，虽然孙先生比牛女士年龄大很多，但牛女士看到孙先生为人正直、体贴，让她很有安全感，因此并未嫌弃孙先生有过婚史，还比自己年龄大。两人相恋一年后走进了婚姻殿堂。
>
> 婚后，牛女士与孙先生有了自己的女儿。两人一起生活的六年里，牛女士发现，这个对自己体贴、照顾的男人，经常和前妻电话和信息沟

通，而且嘘寒问暖，互相抱怨如果之前没有怎么怎么样就不会到现在这个地步。孙先生给儿子买衣服，同时也会送给前妻衣服。他前妻喜欢吃腊肠，他就经常给前妻买腊肠送过去……孙先生所做的这些从来都没有考虑过牛女士的感受。

牛女士认为孙先生与前妻藕断丝连，对此难以忍受，决定离婚。但孙先生却一直不承认自己与前妻藕断丝连，所以希望我能帮助自己规劝牛女士不要离开自己。我给孙先生分析了整件事情的始末，并支了着儿：孙先生有错在先，即便自己心里已经没有了前妻的位置，也不要在现任面前表现出与前任藕断丝连的感觉，当断则要断得彻底。如果孙先生能改掉这些，或许牛女士会回心转意，原谅他。如果改不掉，则离婚是迟早的事。

后来孙先生痛改前非，请求牛女士的原谅，并在我的撮合下，两人才和好如初。

孙先生第二次婚姻出现矛盾，原因在于自己离婚后，却和前妻依然走得很近，纠缠不清。所以，如果想让你的第二次婚姻能够幸福，就一定要与前任划清界限。如果是没有办法的时候，一定要和现任一起去找前任解决问题。如果单独去找前任，反而会让现任不开心和不满，彼此之间徒增误会。

2.杜绝一切亲密语言和动作

既然已经离婚，那么与前任之间就没必要走得太近、太频繁。所以，一定要和前任保持一定的距离，杜绝一切亲密语言和动作。即便有一些不得已的情况使两人相聚在一起，千万不要再做一些亲密动作。比如孩子学校要求家长共同参加亲子活动，父母必须到场，这时候可以去，但一定要保持一定的距离。毕竟你们现在已经有了各自的家庭，收获了属于各自的幸福，保持友谊可以，但亲密动作绝对不可以有。

3.为了孩子，把握好见面时间

虽然孩子是女人身上掉下的一块肉，流淌着男人身上的血。但要知道，你已经再婚，你以后要一起生活的是现在的家庭，一切精力和时间的投入，都应当以现在的家庭为主。虽然与孩子的亲情永远扯不断，但也要把握好每次见面的时间。这是对自己现有家庭经营和维护的最好方式，也是让孩子能够学会面对现实的最好方法。

很多人认为再婚就是两个人走在一起凑合过，但如果抱着这样的心理，日子真的没法过。虽然是再婚，但夫妻双方更应当明白，过去的感情都已经过去了，只有现在的感情最值得珍惜。再婚后的两人，如果不想同床异梦，最好一开始就处理好与前任之间的关系，以免生出事端，影响再婚夫妻的感情。只有这样，你再婚才能过得开心和幸福。

再婚家庭的子女教育 ▷

　　再婚不易，但相信很多再婚的人，认为在再婚后出现的问题中，孩子问题最难解决。

　　在再婚家庭的孩子问题上，每个做父母的都想把最好的给孩子，而忽略了对方的孩子。这样会让对方心里感觉很不愉快。

　　在自己的孩子和对方孩子的生活待遇和教育上，能做到一碗水端平其实是很不易的。即便如此，再婚家庭还存在孩子与孩子，孩子与大人之间的相处问题。这个问题像隔在再婚夫妻之间的一道鸿沟，既深刻，又难以平复。

　　我有一个粉丝，她在再婚后处理孩子的问题上遇到了瓶颈：周慧与前夫是经过同事介绍认识的，因为对彼此都颇有好感，所以相处两年后结婚了。但婚后她经常和前夫吵架，前夫总是瞒着她做一些出格的事情。长时间积累的伤心、痛苦、绝望，让周慧下定决心离了婚。儿子归周慧自己。

　　后来，在一次同学聚会上，她遇到了多年不见的高中同学胡峰，两个人加深联系后才发现，彼此都是单身。胡峰的妻子病故后，一直带着五岁的女儿一起过。之后，两人联系颇多，都觉得彼此是同学，知根知底，于是就经常一起吃饭、看电影、旅游。就这样，彼此感情越来越好。当他们觉得时机成熟的时候，就带着彼此的孩子出来一起吃饭，玩要，让两个孩子彼此熟悉。三年后，周慧和胡峰选择了再婚。

刚开始的时候，周慧本以为自己和胡峰的感情不错，两个孩子玩得也不错，再婚后的生活应该会比较轻松。但没想到的是，胡峰的女儿比自己的儿子大三岁，她认为自己的爸爸娶了周慧，就会把对自己的爱分给别人，会对自己不好。所以十分排斥周慧和儿子。胡峰的女儿经常发脾气，搞恶作剧，为的是将周慧和儿子赶出家门。

起初，周慧觉得她还是个孩子，不必斤斤计较。但日子久了，胡峰上班不在家，孩子的恶作剧让自己和儿子受了好几次伤。周慧由于情绪波动大，就将事情原委告诉了胡峰。但小女孩为了推脱责任会把自己弄伤，故意说周慧和儿子欺负她。

周慧感觉自己在这段婚姻似乎撑不下去的时候，找到了我，向我诉说内心的苦楚。后来，在我的引导下，周慧和胡峰坐下来好好聊了一次。周慧告诉胡峰，自己很爱胡峰，也爱他的女儿，把他的女儿当作自己亲生的一样对待。但是孩子不理解，不接受自己，让自己在这个家里感觉很被动、很尴尬。胡峰则表示对周慧十分心疼和理解，会对自己的女儿和周慧的儿子一碗水端平，也会好好管教。

那天晚上，周慧想了很多，想了很久。她也明白了一些事：再婚夫妻的路真的很难走，但如果不试着好好去走，永远也走不到尽头。

再婚不仅仅是两个大人之间的事情，而是家庭中每个成员的重新适应和融合。很多再婚家庭，因为孩子问题而闹得非常不悦。再婚后，夫妻双方成了彼此孩子的继父、继母，一方面没有血缘关系，另一方面没有那么深的感情。即便夫妻双方能够放下尴尬的身份去接受对方的孩子，但孩子却未必能接受你。因为孩子虽小，但也是有自己的想法的，他们的内心世界复杂而敏感，尤其是长期处于单亲家庭的孩子。他们担心原本只属于自己的父爱或母爱，因为家庭的重组而失去或减半。这也是他们不断干扰再婚夫妇婚姻的主要原因。

对于这个问题，只有快速想办法解决，妥善处理，才能让整个重组家庭快速走向幸福。那么再婚夫妇该如何化解孩子的这些担心呢？凭我多年来处理情感问题的经验，我认为需要做好以下几方面：

1.对待孩子要用同一套标准

在双方的孩子面前，任何事情都要一碗水端平。不要因为是自己的孩子而有失公平。孩子虽小，但他们看在心里，会因为你的偏心而感觉失去了你的爱，会因此而难过。

2.给予孩子最好的心理引导

小孩子本身很单纯，他们像一张白纸一样，你在上面画什么，留下什么印记，他们就会成为什么样的人。所以，要用正确的观念来引导孩子，让孩子学会尊敬长辈，与新来的弟弟妹妹或哥哥姐姐和睦相处。

3.游戏互动增加孩子的信任

经常一起做一件事情，很容易培养孩子与家庭成员之间的感情。小孩子的天性就是喜欢玩，在玩的过程中，如果他（她）对某个人认可，觉得他（她）会玩，能和自己玩到一起，就是自己的朋友。所以，夫妻双方要经常带孩子去户外玩耍，并制定一定的计划，全家参与共同完成一件事情。如果完成，将给予孩子一定的奖励。这样不但能激励孩子积极参与，能增加家庭成员的凝聚力，还能赢得孩子的信任，认为新加入家庭中的成员很容易亲近，没有自己想象的那样对自己不友好。

对于再婚家庭来讲，不要忽视孩子的感受和看法。他们的感受和看法，往往会成为你们再婚路上影响你们幸福的重要因素。注重孩子的教育问题，是化解孩子担心和恐惧，提升全家聚合力的最重要环节。

Chapter **11**

第**11**章

做一个有气度的人

"

性格决定命运，而气度则决定着一个人命运的高度。在这样一个知识爆炸的时代，我们除了要习得知识、才艺等，也切莫忽视了修炼我们的内在气度，气度决定着你会和别人怎么相处。有气度，才会有人缘，才会有成功的基础，这是这个世界永远颠扑不破的真理。

待人要有大气量 ▷

一个人的心有多大就能成就多大的事业，一个心胸狭小的人是绝对做不成大事的。

在生活中，我遇到过各种各样的非议和诘难，但我没和别人发生过哪怕一次冲突。很多时候，我都是一笑置之。即便是别人毫无理由的辱骂，我也没反驳过什么，喜家人说我自带唾面自干的属性。这虽然有点夸张，但我认为，我还算是一个具备大气量属性的人。

我们做情感主播，介入的都是别人感情经历中非常尖锐的问题，我们要调解双方，和气收场，就必然会损害到其中一方或者双方的利益。利益攸关，有的人就难免情绪激动，说出不理智的话和做出不理智的事来。对此，我深刻理解他们，也从来不会针尖对麦芒，我会选择耐心地劝解，在符合社会准则的层面让他们接受我的观点。

其实生活中，谁又没有和人发生过矛盾呢。因为我们每个人都得生活和工作，都需要和别人接触。人无完人，有接触就会有失误和偏差，会产生一些矛盾。这时候，如果你不让我，我不让你，那就很容易引发争斗。而一旦产生了争斗，我们和别人会产生很难修复的裂痕不说，还有可能影响自己的家庭、事业，甚至还会使双方的身体受到损伤。

例如，我曾经调解过一次家庭纠纷。有这么一个父亲，他向自己的小儿子借了一万元钱为大儿子垫付罚款。两个儿子分家以后，小儿子多次向他索要这一万元钱，他没钱还，便以种种理由推脱。小儿子认为父亲是故意推脱，有意偏袒大哥，一怒之下将父亲推倒在地。大儿子知道后，就准备找人教训自己的弟弟。小儿子的妻哥得知情况，也不示弱，要帮衬自己的妹夫，双方剑拔弩张。

我们接到电话后，第一时间给这家人的小儿子打电话，耐心做他的思想工作。刚开始的时候，这家小儿子的态度非常不好，认为喜家人出面，是在给他出丑，听不进任何劝告，对立和抵触的情绪都很大。这时候，我没有针锋相对，而是有理有据地告诉他，父亲是该还钱，但你将父亲推倒在地就违背了"孝"的伦理观，这是绝对不应该发生的。在我们的劝说下，这家人的小儿子终于幡然醒悟，主动承认自己不应该将父亲推倒在地。

之后，我们又给这家人的大儿子打电话，劝说他将弟弟的钱还上。最后在我们的撮合下，父子三人签订了一份三方协议，明确了三方的责任义务。原本大概率会出现的流血冲突就这样被制止了。

其实，深究生活中的这些冲突，大多是因为气度不够造成的。待人要有大气量，就是我们要学会宽容别人，要大度，"容人须学海，十分满尚纳百川"。宽容别人，就是在心理上接纳别人，理解别人的处世方法。实在没有办法，我们还可以找人调解，或是寻求国家法律的帮助，如果以狠对狠，那是万不能解决问题的。

光武帝刘秀还很弱小时，与强敌王郎交战，大败王郎。当他攻入邯郸城，检查王郎的公文时，才发现自己有很多部下战前都与王郎有过交往的书信。对于这些书信，刘秀看见当没看见，不顾下属反对，将信件付之一炬。正是有这种大气量，刘秀才不计前嫌，化敌为友，壮大了自己的力量，终成一番帝业。

常言道"宽以济猛，猛以济宽，宽猛相济"，要想成大事，有所为，我们必须放开胸怀。不计较得失，小事糊涂，大事清楚。无关紧要的不必斤斤计较，原则问题则寸步不让，这才是真正的为人处世之道。

大度作为一种文化素养和人生态度，是包容与平和。大度，或者说有大气量，是一个人自我思想品质的进步，也是自身修养、处世素质与处世方式的一种进步。

先舍才会有得 ▷

"先舍后得，有舍才有得"，这是古人常挂在嘴边的一句话，而我在生活中，也将其奉为处世的圭臬。

生命是一个单一的过程，这就好比一个人走单行道，没有回头路可行，唯一能做的就是向前进。在前进的过程中，如果想看左边的风景，那就必须舍弃右边的，而想要看右边的风景，那又必须舍弃左边的。一个行程中的人是永远不可能两边的风景同时兼顾的。这就好比古语说的"鱼与熊掌不可兼得也"。

我看到过一个故事，很经典。故事说的是在一个村子的后山中，住着许许多多的猴子。这些猴子经常到村子里偷农户家的粮食吃，因为猴子很狡猾，村民们一直很难将其捉住。

有一天，一个过路人听说这件事后，想了一个办法。他让村民们每家都准备一个玻璃瓶，瓶中装上玉米，然后让大家把这些玻璃瓶挂在家门前的大树上。

村民们照做了。结果第二天早上，每家村民都发现玻璃瓶前有一只猴子。这些猴子看见村民出来，着急想跑，可又好像被什么缚住了手脚，欲走不能。仔细一看，原来是每只猴子都伸手在瓶中抓了一把玉米，因为不愿意松开爪子。所以它们的爪子被卡在了瓶子里，出不来了。

可能我们会嘲笑这些猴子很傻，只要它们松开爪子，舍弃已抓到的玉米，就可以轻松逃脱了。可是仔细一想，我们有些人不也是像这些猴子一样吗，无论做什么事情，都想占便宜，而且不愿意舍弃一点利益。

但是，如果我们看开了，就会发现舍得舍得，有舍才有得，只有有了舍，才会有得，我们切不可过分关注了得，而忽略了舍。

想当年，我为了入驻快手做主播，变卖了自己的一切资产，还四处举债，这也许是一种魄力，但更多的是我认为，没有大舍，就没有大得。现在，大家也看到了，我当初那样的舍，的确也成就了我现在的得。

先舍才会有得，是我们生活中正确的逻辑关系。正所谓"欲先取之，必先予之"，意思就是说我们想要取得更多的利益，那我们就必须要先舍弃一些利益，没有这份事先的予，那我们是不可能有所取，有所得的。

例如想要成为成功的商人，自己就要勤加修炼，切不可偷懒。还有就是在看到别人困厄时，我们要懂得帮扶。另外，我们要想从别人手里得到什么，我们就必须先要为别人付出……

这里面，无论哪一种舍都是少不了的。我们既要有勤劳付出的修商精神，也要有济危解困的帮扶思想，还要懂得在得之前，先懂得舍，它们都是我们处世的要旨。

有一位商人生意上遇到了难处，他便去请教智尚禅师。智尚禅师告诉他："后院有一口井和一台压水机，你去给我打一桶水来吧。"

商人来到后院，看了又看，过了半天气喘吁吁地跑来告诉禅师："禅师，不行啊，这是一口枯井，压水机压不出水来。"

禅师说："既然这样，那你就去山下买一桶水来吧。"商人去了，半天以后却只提了半桶水回来。禅师说："我不是让你买一桶水吗？"商人面有难色："禅师，不是我怕花钱，实在是山高路远，不容易啊。"

禅师坚持说："我要的是一桶水，你再跑一趟吧。"商人只好再次下山，买了一桶水回来。禅师见后说："我现在可以告诉你解决的方法了。"说完，禅师将商人引到后院的压水机旁，对商人说："把那半桶水倒进去。"

商人不太理解，但他还是将那半桶水倒了进去。这时禅师让他压水，商人打开压水机，使劲地压，他发现压水机比之前有点动静了，喷口呼呼作响，但仍没有水出来。

到这里，商人已经恍然大悟。他抬手将那桶水全部倒了进去，这下再压，果然从喷口喷出了清冽的泉水。

要想一个压水机出水，我们都需要先给它倒一些清水才行。同样的道理，我们想要有所收获，也必须先要有相应的付出。

所以，我们要明白，无论是想取得什么，我们都要先有一种付出的精神。只有先舍，才有后得，无舍则无得。

适可而止，不过于较真 ▷

我们做人，固然不能玩世不恭，游戏人生，但也不能太较真，凡事去认死理。一个人要是太较真了，最后就会什么都看不惯，自己也活得很累。我一直觉得，我们的快乐不是拥有得多，而是计较得少。

人生要拿得起，放得下。更多的时候，我们要拥有郑板桥一般的"难得糊涂"的心境。郑板桥告诫我们，人生在世，在一些小是小非面前，在一些鸡毛蒜皮的事面前，我们可以睁一只眼闭一只眼，这样糊涂一点，才不会因小失大。

所以，我们居家过日子要难得糊涂，为人处世也要难得糊涂。学会不较真，就会把更多的时间，更美好的心情，留给自己。

我有两个粉丝张能和王都，他们的故事恰好能说明这一点。两人毕业后进了同一家单位。因为两人年龄相仿，话又投机，很快就成了好朋友，简直亲如兄弟，让别的同事羡慕不已。

但随着时间的流逝，王都发现自己越来越受不了张能了。原来，王都有时会看一些言情小说，而张能却总说这是低级趣味的东西，要看就得看一些高尚的书籍；节假日中，王都喜欢看体育赛事，而张能却偏要拉他去钓鱼，说这样可以修身养性。这样的事例还有很多，总之两个人的友情慢慢出现了裂痕。

不久，又发生了一件事，终于让两人的友谊彻底崩裂。那天，王都陪几个新同事上街买一些办公用品，回程时公交车上人很多、很拥挤，他糊里糊涂忘了买票。王都也没当回事，回来时还说："得，我忘了买票，省下了两元钱。"就这么一件小事，张能听到后，立马觉得王都品德有问题，专门找到他，说："原来你这么'光荣'，我真替你丢人。"

听张能这么说，王都火也大了，站起来直骂："我不稀罕和你做朋友，你自以为了不起，有你这种朋友我也是瞎了眼。今后咱谁也不认识谁。"

就这样，两人的友谊的小船说翻就翻了。因为我们是事后才了解到这个事情的，也没法为他们调解。但我想说的是，"水至清则无鱼，人至察则无徒"。我们太较真了，就会什么都看不惯，如果连好朋友都容不下，那还容得下谁。这样的人只会把自己同社会隔开，对自己没有任何好处。

人非圣贤，孰能无过。我们为人处世，就要互相谅解，要经常用"难得糊涂"来自勉，要求大同存小异。能容人，你就能拥有很多朋友；不能容人，眼里容不进半粒沙子，过分挑剔，啥事都要论个是非曲直，最后只会让你成为别人唯恐避之不及的那一个人。

当然，我们说不过于较真，并不是说可以随波逐流，不讲原则，而是说，对于那些与大局无关的小事，就不要太认真了，而对那些事关重大，原则性的是非问题，则不可以随便套用这一原则。就像汉代时大政治家贾谊所说："大人物不拘细节，才能成就大事业。"所谓"不拘细节"，就包括适可而止，不过于较真的为人处世之道。

其实，在婚恋领域同样如此。夫妻相处，只要不是方向、原则问题，或伤筋动骨的本质问题，糊涂地面对相互间的小矛盾与小摩擦不仅难能可贵，而且还是不可或缺的一门婚姻艺术，对于增进夫妻情感，提升婚姻质量，打造家庭和谐尤为重要。

不评价别人，只表达真实的自己 ▷

我一直认为，不评价别人，只表达真实的自己，是一个人成熟的标志。

在这个世界上，我们每个人都是独一无二的个体。我们有自己的人生经历，有自己的见识看法，如果我们去随意评价别人，就是用我们的价值观去衡量别人的价值观。而事实上，我们自己的价值观，放在别人身上并非就是合适的。

我以前也曾用自己的看法去评价别人，例如公司下属的做法不合我心意时，我就会说三道四，有时甚至强制下属根据我的意愿来执行。这种情况下，下属们虽然照做，但总有一种不情愿写在脸上。

后来，我慢慢意识到了我做法的偏颇，我开始试着改变，不再去主观地评判别人，而只是把我的实际想法告诉他们，例如我会说："我认为，我觉得，是不是应该这样？"至于他们怎么做，可以完全根据自己的意愿来，只要能出好的结果就可以了。

当我这样去做的时候，我发现下属们不再有不情愿的情绪了。因为我没有评价他们，我只是表达了我的想法，而我的想法大多又是符合公司发展期望的。去掉了"评价"这个字眼，他们接受起来就容易多了。

我还觉得，有时候我们用自己的思想去评价别人时，我们还可能忽视了一个重要的因素，那就是发生在别人身上的事实，真就是我们看到的那个事实吗？答案是不一定。

例如前两年比较火的电影《芳华》，女主何小萍偷了室友的军服去拍照，被发现后大家都指责她人品卑劣，甚至包括看电影的我们。但看完电影，我们才发现，何小萍根本就不存在人品卑劣一说。

再比如我们的一个好友跟我们一起吃饭时，他很少买单，或许我们就会认为他这个人很小气，而实际上，也许是他生活的确很拮据，有难言的痛处才导致如此的，这和他小不小气没有任何关系。

每个人都是复杂的，我们不可能成为另一个人，那我们就没有必要把自己的思想转嫁给别人。如果真不合你意，又不得不说，你要做的也很简单，表达你真实的自己就可以了，千万不要硬性地给别人扣一个帽子，下一个结论。

事实上，当你不随意评价别人的时候，你就已经为自己设立了一个明确的边界。你不再用"第三只眼睛"看别人，你心里想的只会是自己的目标，头脑里想的也是如何做好自己当下的事情。

我以前开公司，现在做快手，都是如此，我调解情感，绝不会主观下判断，而必须是在了解事实的来龙去脉以后，从符合社会准则的层面表达我真实的想法。这样，我和别人沟通时气场才是淡定从容的，才会让人信任，让别人愿意接受我的建议。

我们要知道，真正的成熟，是懂得换一种思维去看这个世界，并获得一个俯瞰世界的力量。而不评价别人，只表达真实的自己，便是我们成熟的一个标志，它让我们能够关注自己，认可自己，同时也能明白自己内心的价值取向。

以感恩心做人，以责任心做事 ▷

人生在世，无外乎两件事：一是做人，一是做事。其中，我认为做人一定要有感恩心，做事一定要有责任心。

我们在生活中，无时无刻不在接受着外界给予我们的恩惠，我们只有常抱一颗感恩的心，才会让我们的内心变得无比丰盈，才会感受到世间的温暖，坚定自己的信心。

以前读到过一则李嘉诚的故事。说的是李嘉诚在还没成功的时候，曾经在街头流浪。有一天下大雨，李嘉诚无处避雨，只好躲在一所学校门口的大树下面，全身都被淋得湿透了。

这时，走来一个中学生，他看见李嘉诚的狼狈模样。就走上前去，将手中的伞递给了李嘉诚，他说："叔叔，你用我的伞吧。"李嘉诚问他："那你呢？"学生说："我可以跑进去啊，不过你记得在我放学时还我就行了。"

因为这把伞，李嘉诚躲过了那天的大雨。但那天他实在是太忙了，最后一不小心错过了中学生放学的时间。第二天，李嘉诚去学校还伞，可一直没等到那个中学生。后来连续七天，李嘉诚都等在学校门口，但仍然始终没有见到那名中学生。

再后来，我们都知道，李嘉诚成功了，有钱了。但只要他有时间，他都会去那所学校门口转一圈儿，希望有幸遇见那名学生，将伞还给他。但他一直没如愿。

直到二十多年后，李嘉诚才发现自己公司的行政部张经理，正是那名中学生。听闻真相以后，李嘉诚竟向自己的这位下属深深地鞠躬，他说："谢谢你当年对我的帮助。我知道你不想让我对你做什么，但我要告诉你，你借我的那把伞，我在创业时一直使用它。因此，我将它折成了10%的创业股份，现在我把这10%的创业股份还给你，请你接受。"

张经理心里清楚，10%创业股份意味着多少钱，他摇了摇头，说这把伞根本值不了那么多钱，他只希望李嘉诚能还他那把伞。李嘉诚被张经理的言行深深打动了，他恭恭敬敬地将伞交到了张经理手上。

如果我们有一颗感恩的心，我们的内心就会有一种自然的力量，有一种富足和满足感。然后当我们带着这种富足和满足感去看周遭的世界的时候，我们就会变得温暖、自信、坚定和善良，同时也能让自己更富有创造性，能创造出更大的价值。

对喜家人，我便深怀感恩，对我过去的挫折和逆境，我也深怀感恩，没有喜家人的支持，没有挫折的磨历，我也不可能拥有现在的一切。

德国的哲学家康德说："在晴朗之夜，仰望天空，就会获得一种快乐，这种快乐只有高尚的心灵才可以体会出来。"在这里，我们便也可以把这种快乐理解为是心怀感恩的结果。

做人心怀感恩，做事则需要有责任心。

每过一段时间，我都会问自己，我的责任是什么？一个人时，我的责任是不让父母伤心，让自己衣食无忧；有了家庭，我的责任是让家庭幸福；有了公司，我的责任是让公司运转良好，为员工负责；有了喜家人，我的责任是不辜负所有喜家人的期望。

其实，履行责任也是我们发自内心的一种感恩行为。心存感恩的人会把工作、生活的一切看成是一种恩赐，所以会更加负责任。因为负责任，又让身边更多的人感受到我们担当责任的成果，结果我们和周围的人就会进入到一种感恩——负责——感恩的循环中，这必然会让社会变得更加和谐，氛围变得更加美好。

所以，做事具备强烈的责任心，命运就一定不会亏待你。无论做什么事情，我们都要牢记自己的责任。在工作中，对工作负责；在家庭中，对父母子女和配偶负责；在社会中，对社会负责，这是我们的基本准则。

简单做事，别把生活搞得太复杂 ▷

"生活原本很简单，我们只是自己把事情搞复杂了。"已经记不清是在哪里看到的这句话了，但一直觉得它很有道理。

> 举个很简单的例子。给你这么一道题：有四条毛毛虫排成一条直线往前进，最前面的毛毛虫说自己后面有三条毛毛虫，排第二的毛毛虫说自己身后有两条毛毛虫，排第三的毛毛虫说自己身后有一条毛毛虫，而排最末的毛毛虫说自己身后有三条毛毛虫，这是怎么回事？

关于这个问题的答案，我不知道有多少人会往深处去想，但它的答案却是异常的简单，那就是最后一条毛毛虫在撒谎。

看，这是一道非常容易的问题，但可能很多人都会把它复杂化，甚至有人会朝脑筋急转弯上去想吧。

> 还有一个故事。曾有一家杂志社悬赏在读者中征集最佳答案。问题是，有一架直升机在穿越海峡时发生了意外，机上有三个人，一个知名物理学家，一个知名生物学家和一个知名作家。为了挽救直升机，把损失降到最小，三人中必须扔下一个人，那么该扔谁呢？
>
> 问题刊发以后，杂志社收到了各种各样的答案，人们会从经济、社

第11章

做一个有气度的人

175

会等各种角度来考虑应该扔谁，但这些都不是最佳答案。真正获得杂志社认可的，却是一个八岁小男孩的回答：把最胖的那个扔下去。你看，就这么简单。

所以，很多时候，不是这个社会、生活本身很复杂，而是我们自己把它看得复杂了。例如那些追求功名利禄的人，肯定整天都会把功名利禄背在身上，看人看事都带着功名利禄的眼光，能不累吗？

说实话，我在主播之路上，从没想过要挣多少钱。我从不会被功名利禄所束缚，我一直怀有的初心就是慈善与公益，我总是想着去帮助更多的人，就这么简单。简单的回报是什么呢，我也许比不上很多人，但我觉得我这份简单带给我精神和物质上的回报都是极为丰盈的。

世上本无事，庸人自扰之。当你褪掉功名利禄的外衣，简单地去生活时，你也许会发现，你得到的才会更多，你的快乐也会更多。简单就不会有情绪的牵绊，别人的非议和诘难又算得了什么呢？我只是秉持着我心中的梦想，坚定不移地向前行走就是了。

简单做人，洒脱自在，简单生活，快乐一生。所以，我们不妨从现在做起，成为一个简单的人，也成为一个快乐的人。

第12章
因爱而生，为爱而活

"

　　一直以来，我都是被爱包围的人，也是愿意全力付出爱的人。在爱的获得与付出中，我渐渐感受到了爱的巨大价值。推而广之，我们都应是因爱而生，为爱而活的人，爱是我们联系世界的最有价值的纽带。

人活着的真正价值是为爱而活 ▷

爱的力量是超乎想象的。我不敢说别人因为爱而有过多少改变，但我敢肯定的是，因为有爱，我的生活充实了很多，我的价值也因此而得到充分的展现。

我成长的一切，其实都源于爱。幼时，是父母的爱；做演出，是观众的爱；成为喜哈哈，是喜家人的爱。在享受爱的同时，我也是爱的付出者，为喜家人付出爱，为所见有需要的人付出爱。

而每一次爱的过程，都是令人欣慰的。为爱而活，也许就是人活着的真正价值吧。

> 法国著名思想家罗曼·罗兰说："爱是生命的火焰，没有它，一切都会变成黑夜。"法国文学家雨果也说："人间如果没有爱，太阳也会熄灭。"

我们无时无刻需要爱，同时我们也需要付出爱。既要人爱，也要爱人。爱的能力将决定我们成就事业的高度，决定我们家庭幸福的程度。

到目前为止，其实人类还并不清楚爱是与生俱来的，还是通过后天培育发展起来的。但有一点可以肯定的是，即使爱是与生俱来的，但如果没有后天我们对爱的开启、激活、教导和升华，我们的爱也不会变得完善。

爱不能简单地概括和界定，因为爱是一种感觉。任谁都可能感知到爱，即便襁褓中的婴儿也不能例外。但这并不就说明爱很简单。恰恰相反，爱是非常复杂的，有很多人恐怕一辈子弄不懂什么是爱。

　　有的人认为，我只要对别人好，就是爱的正确打开方式。如果自己付出的爱没有得到回应，自己就会觉得很委屈。对于这些人而言，其实他们还不懂得爱。在人生的旅程中，每个人都有自己的生命密码，里面包含了我们的家庭，我们的成长经历，我们的感受和领悟。"我懂你""我爱你"必须建立在对别人这些东西的充分了解之上，才能称其为真正的爱。

　　假如你都不了解别人，你敢说你爱别人吗？那其实是你以为的爱，而不是别人需要的爱。真正的爱，关注点不在自己身上，而要多放在别人身上，我认为我们至少应该学会以下一些内容才称得上爱。

　　第一，学习真心实意，不求任何回报地去爱人。

　　第二，学习扫描别人身上的善意和长处，这样才能帮助你获得成长。因为你每次想到、看到别人身上的善意、长处的时候，你就有机会重新得到爱，得到希望和鼓励。

　　第三，学习了解自己在冲突中的防御方式和处理冲突的形态，这样能帮助我们跳出自己看自己，从而有智慧地面对和处理冲突。

　　第四，了解差异。了解跟我们不同的人，可以帮助我们成长，让人际关系更加和谐。

　　第五，学习了解和疏导自己的情绪，懂得如何在受伤的时候跟对方修复。

　　第六，学习饶恕。饶恕是在伤害中释放对方，更释放你自己。当你可以饶恕对方的时候，你其实也是给了自己第二次机会来成长。

　　所以，爱并不简单，它是一门艺术，是人生最重要的功课。这门功课的内容非常丰富，所有的人生修为都包含在其中。学会爱，用爱来完善自己，才能实现人活着的真正价值。可以说，当我们真正学会爱了，我们的人生也就圆满了。

爱自己，好好活

爱人的前提，一定是自爱。有句话说"一屋不扫，何以扫天下"，将这句话换个角度，我们是不是也可以说："连自己都不爱的人，又如何能够去爱别人。"

爱自己，就是我们要善待自己，对自己好一点。其实想一想，这个世界上对我们好的人有多少，如果你再不对自己好一点，你能快乐吗？

我说对自己好，绝不是教人自私，其实爱自己和自私是两码事。自私是为了一些私利，去损害别人的利益，爱自己则和别人没有任何关系，完全是我们对待自己的一种态度。

小的时候，我们有父母的叮嘱"冷了要穿衣""出门要吃饱"。成人以后，我们不需要父母叮嘱了，但我们似乎也不懂得爱自己了。例如，我们是不是一心盯着自己的缺点，在折磨自己、评判自己、忽略自己。我们是不是又不懂得珍惜自己的身体，只知道拼命挣钱？

爱自己，才能好好活。说实话，我在工作中也很拼，但我还懂得爱自己。连续工作了几个小时之后，我会找一个安静的地方，喝杯清茶，或是看一本小书，让自己得以彻底地放松。我也不想让自己的身体长期处在高负荷运转而不休息的境地，那样，我终有一天会被累垮的。

以前，有一个叫"不快乐的女孩"给三毛写了一封信，信中说："我二十九岁，长相平凡，工作能力有限，没有异性对我感兴趣。我很自卑，真不知道我这样活着还有什么快乐……"三毛看信后，给她回信说："不快乐的女孩，从你短短的自我介绍中，我看得十分惊心，二十九岁正当年轻，你居然一连串地用了最低层、贫乏、黯淡、自卑、平凡、卑微、能力有限这许多不正确的定义来形容自己。如果我是你，第一步要做的事是加重对自我的期许与看重，将信中那一串又一串自卑的字句从生命中一把扫除，再也不轻看自己。你有一个正当的职业，租得起一间房间，容貌不差，懂得在上下班之余更进一步探索生命的意义，这都是很优美的事情，为何觉得自己卑微呢？"

好好爱自己，这是人生的常识，是快乐的源泉。但是，我想提醒的一点是：不要以为现在拼命挣钱，到老再享受就是爱自己，不要以为吃一些山珍海味，就是爱自己，不要以为给自己买很多奢侈品就是爱自己，不要以为让自己舒服安逸就是爱自己。

以上种种，我只能说是一种谬爱。爱自己，必须要是正能量的，是对自己人生负责的一种爱。例如，懂得休闲的价值，是对自己的身体负责。早上爬起来让自己学习，而不是躺在舒服安逸的被窝里继续酣睡，是对自己的进步负责。

爱自己，是需要理由的。最明确的结论是，自己首先要有一个健康的身体，你要对自己的身体负责；其次，你是世界中的一个人，你要为实现自己的价值负责。从这两个前提出发的爱自己，才是真正的爱自己。而前面说的买奢侈品装饰自己，天天吃山珍海味，那是显摆，哪是什么爱自己？

王尔德说："爱自己是终身浪漫的开始。"所以，我们要从生活的各个方面，找到"爱自己"的行为，例如停止自责，不再责怪与攻击自己；停止让自己感到恐惧，用想象美好的事物来代替它；耐心呵护自己；重视自己的心灵；赞美与夸奖自己；帮助自己；爱自己的缺点，因为人无完人；照顾自己的身体；忘掉过去，原谅以前的自己。

当我们这样去做时，我们的生活才是圆满的，我们才能是真正拥有爱和幸福的人。

◎与爱同行，才能越走越远

◎每个人都有向上的力量。过好每一天，人生才会越来越好

◎简单一点，别把生活搞得太复杂

给人以爱，你也将处处得到爱 ▷

爱是相互的，当我们给别人以爱时，别人也会回报我们以爱。当我们的爱越广泛，爱的回报也会越广泛。想一想，当我们能够被爱包裹时，那种感觉无疑是幸福的。

我把爱看成是人世间最伟大的东西。在任何时候，我都非常愿意去帮助我周围的人，我的粉丝。我帮助他们，缘于我爱他们。

例如我建养老院，资助贫困大学生，为看见的求助的人群济危解困，都是秉着一颗爱心在做，这种爱是不求回报的。虽然我不求回报，但实际上我却收获了很多，我帮助过的人都在无声地关注着我，并在我遇到困境的时候给了我很多鼓励，甚至有的人拿出了仅有的资金反过来又资助我，这是让我感受爱有所值，无比温暖的事。

其实，世界上的每一个人都是渴望得到爱的。当我们把爱传递给别人时，我们就和别人建立了某种联系，这种联系很难受到时间的侵蚀，当我们有需要时，我们就会反过来收到别人的爱。

当然，我们付出爱，必须是不求回报的爱。凡是带有回报目的的爱，都不是真爱。尽管我们不求回报，但或多或少，我们只要付出，就会得到受助人的祝福。在这个过程中，我们既是付出者，其实也是受益者。

一个哲学家问他的学生："人生在世，最需要的是什么呢？"学生们的回答千奇百怪，但哲学家都摇了摇头。直到最后一个学生站起来，对哲学家说："是一颗爱心。"哲学家这才点了点头。哲学家说："爱心二字，包括了别人所说的一切话。有爱心的人，对于自己能自安自足，能做自己一切能做的事，对于别人来说，他则是一个亲密的战友和可亲的朋友。"

爱不分大小，它表明的是我们的一种态度，一种行动。即便是一个关怀、一个赞许，这些举手之劳的事情，只要我们无私地付出，我们就能让别人感受到温暖，同时别人也会回报以我们同等的态度，让我们也成为受益者。

所以，我呼吁任何人都不要吝啬自己的爱心，无私地奉献你的爱，你必能获益一生。我们要善于编织爱的人际网，不轻易伤害别人，哪怕是对自己最亲近的人也是如此。否则，在你有困难的时候，是没人愿意伸出援手的。

有的人一生得到的成绩很小，究其原因，可能就是在生活中太少于表达自己的爱了。因此别人也以我们之道，还我们之身，以致我们在困难时刻得不到别人的帮助，而错失成长的机会。

给人以爱，你也将处处得到爱。任何人都应该牢记这一点，这不仅对自己，对整个社会，都是一件善莫大焉的事情。

学会与爱同行，人生才能越过越好 ▷

过去，我付出了爱，收获了更多的爱。未来，我将不忘初心，与爱同行，在我有限的能力范围内营造一个爱的环境。

与爱同行，这是我未来生活的主基调，我也希望它是周围朋友生活的主基调。

我有时候审视我的人生，发现人生就好比一趟火车。在这趟火车上，我们会遇到各式各样的人，有人上车，也有人下车，同行的人在一起的时间可能只有几小时，或者只有几分钟。然而，即便是这么短暂的见面，我们若能付出爱，就可能对我们的人生产生深刻的影响。

在人生这趟火车上，我们无法选择自己的出身，自己的成长背景，自己父母是否彼此相爱，是否能深刻地懂得我们。但至少，我们还可以选择拥有一颗谦卑、奉献的心，不断学习爱与智慧。我们还可以选择建立一个幸福、有意义和充满友情的人生。

一个人，努力也罢，辛苦也罢，其实都不可怕。人生最可怕的是心灵孤独了，感受不到别人的爱，或者是无法去爱别人。没有爱，我们用什么来谈论成功？我们要怎么来成功？

人是拥有丰富感情的高级动物。如果你在生活中没有爱心，这一定也反映了你与世界的某种既定关系，你很可能是那个孤立不被认可的人；如果你开始调整感情，变得阳光开朗，并愿意为别人付出以后，你与社会的交换信息就会跟着改变，你和周边的人际关系也会发生相应的变化。

有一位学者的研究结果表明，一种真正以诚待人的态度，引起对方以诚反应的比率高达60%至90%。领导此项研究的博士说："爱产生爱，恨产生恨，这句话大致是不会错的。"

我对《悲惨世界》的主人公冉·阿让印象深刻。冉·阿让原本是一个勤劳正直的人，但家境贫困，迫于无奈，他去偷了一个面包，被发现后人们判定他是"贼"，他被抓入了监狱。出狱以后，冉·阿让本想找个工作好好过日子，可却四处碰壁，又饱受世俗的冷落与耻笑，结果他真的成了一个贼。

有一天，他"劳无所获"，在风雪交加的夜晚昏倒在路上，一个神父救了他。但他却在神父睡着以后，把神父房中的银器一卷而空。因为他认定自己是个坏人，就应该做坏事。不想，在逃跑的途中，他再一次被警察抓住。

当警察将冉·阿让带到教堂，让神父认定失窃物品时。冉·阿让的心里是绝望的，他觉得自己将再一次遭受牢狱之灾。

谁知神父却说："这些银器是我送给他的。他走得太急了，还有一件名贵的银器忘了拿，我这就去取。"

神父的话让冉·阿让深感意外。警察离开以后，神父又对他说："过去的就让它过去，请重新开始吧。"

冉·阿让的心灵受到巨大震动。从此，他洗心革面，重新做人。后来，他努力工作，积极上进，毕生都在救济穷人，做对社会有益的事情。

从冉·阿让的故事我们知道，你怎么对待生活，生活就会怎么对待你。与爱同行，生活也将还你以爱，与爱同行，人生才会越过越好，这是至理，也是我的座右铭。

后记 ▷

说实话，我是在战战兢兢的状态中写完了本书的。

从生在穷苦的农村，到走上演艺之路，从一无所有到创业成功，再从变卖所有资产到进入快手主播的行业中。我的这些经历对于很多人来说堪称一番"传奇"，但每次谈起，我却异常平淡，我没觉得有什么特别的。也许，现在说起喜哈哈，可能很多人都知道。是的，我有了一定的知名度，但我的经历远算不上成功。我只是有幸赶上了互联网发展的浪潮，赶上了短视频行业的红利期，当然我觉得更重要的是我怀揣着一颗正能量的初心。种种因素交织在一起，我才有幸成为了被网民们称为的"网红"之一吧。

我写本书希望的是能够最大地展现我对普通百姓情感生活的理解，我服务于普通百姓情感问题的态度，以及我心中那份有爱的梦想。因为自始至终，我都是抱着爱与善的心态去与这个世界进行联结，而世界也回报我良多。

这个世界是需要爱来交织的，是需要变得更为和谐的。调解人们的情感，我觉得这是一个很有意义的事情。

在长期做情感主播过程中，我见到了太多太多的事情，这些事情涵盖了情感生活中的方方面面，我们很多人或许都能从中找到原型。而书中的每一件事情，经过我们的努力，都得到了完美的收场。我只是一个人，喜哈哈也只是一个小小的团队，我们不可能为所有的人来解决问题，但我们的解决之道却是很有可取之处的。如果读者们能够从我们的调解经历中获得启发，从而化解自己的问题，甚至是让生活变得更美好，这就是一件非常有意义的事情了。

所以，这才是我写作的初衷。在写作的过程中，我也尽可能地想要突出展现这些方面，这期间我也得到了很多人的帮助，有我的团队成员，有喜家人，有热心的编辑老师。在这里，我也要真心地对他们说一声感谢！没有你们慷慨无私的胸怀和尽心尽力的帮助，本书以现在的面貌问世是根本不可能的。

感谢，真诚地感谢你们！